生命、微動だにせず

人工知能を凌駕する生命

郡司ペギオ幸夫

青土社

生命、微動だにせず　目次

生命、微動だにせず

人工知能を凌駕する生命

はじめに

1 「このわたし」という問題

人工知能の到来によって、人間が人間本来の知的活動だと考えていたものの大部分は、人工知能に置き換えられることになる。残るのは創造性だろうか。いや、創造性だろうと、その強度を客観的に定義し、評価する基準を与える限り、人工知能は人間を凌駕する。いよいよ残るのは、客観的基準という評価自体を阻むもの、すなわち、個別性や「このわたし」性だけだ。どんなに客観的基準に照らして、お前は人工知能に劣っている、と言われようが、わたしは、どれだけこのわたしかという点において、他の追随を許さない。何しろ、このわたしは、わたし以外に存在せず、あとは皆、わたしではない誰かだからだ。そしてその一人一人の誰かは、その誰かにおいて、「このわたし」性を開き、他の追随を許さない者として存在している。この限りで、「このわたし」性は、人間だけに固有の問題ではあるまい。外在的根拠を持ち出して存在理由を主張すること――素朴な意味での自然化――が意味を失い、それ自体における存在理由の不在＝存在、が明らかにされる。我々はそういう時代にいる。

我々は、この「わたし」という問題、主観的にしか意味を持ち得ない、「このわたし」という問題に向かうことになる。それ以外の、評価可能な問題は全て、人工知能が解決するだろう。果たして、本書で私は、「デジャヴ」や「わたし」の起源を論じていくことになる。わたしの起源や、意識の起源、これは様々な形で議論されてきた問題である。それは、古来より、多くの哲学者、宗教家、研究者が論じ尽くしてきた問題と言っていいだろう。しかし、今や多くの物理学者や脳科学者、いや科学者一般が、意識や自由意志、能動性を、真の意味では実在しない、幻想だと考え始めている。まさに人工知能を推し進めてきた決定論的因果律の機械的実装や、世界は決定論的因果律に従っているという科学者の信念が、わたしという存在を蒸発させ始めている。だからこそ、この科学的信念が逆説的に、わたしの起源という問題の再生を、もたらしたと言えるだろう。しかし、私は今デジャヴとも言った。読者は思うだろう。わたしの起源はいいとして、デジャヴの起源は、意味のある問いなのか。

いや、むしろ、デジャヴについて考えることと、わたしについて考えることは同じことなのだ。それを明確に教えてくれるものの一つに、アルゼンチンの作家、カサーレスの著した小説『モレルの発明』[1]がある。およそ六〇年前に書かれたこの小説は、幻想とみなされるものが宙吊りとなることで、その実在性が開設されるというアイデアを、与えてくれる。そこで重要な概念となるのが、記号、それも純粋な記号という概念だ。ここで言う純粋な記号とは、或る記号の延長として使われながら、その記号の使われ方を否定するものですらある。自然な延長でありながら否定、これは一体どういうことなのか。しかもそういった記号の使われ方は、言語の使用に限定されるものではない。記号化とは、行為の相対化、過程の相対化である。これらについて、本書の冒頭であるここで、簡単に説明しておこう。

2　諦める・予期する

あなたの先祖が狩猟民であったころ、山で木の実やキノコを採取していたことだろう。まさにあなたが、木の実を探しているとしよう。あなたは、或る山でドングリを探す。一粒のドングリが見つかり、しばらく歩くとまた一つ見つかる。そうして暫くはドングリを集められた。しかし、まだたいした量も集まっていないのに、或る時点以降、一向に見つからなくなってしまう。あなたは、「この山にはもうドングリはない」と諦めることになる。[2] 無論、あなたは、山をくまなく精査し、全ての場所を確認して、ドングリが存在しないと考えたわけではない。ある程度探した後、おもむろに諦めたのである。或る地点を探し、別の地点へと移動し、有限の時間と空間を用いて探索し、或る時点で突然、諦めたのである。もうこの山にドングリはない、と諦めることは、探してもいない場所も含めて、この山全体を「ドングリのない場所」とみなし、頭の中の地図のこの山を、黒く塗りつぶすことに他ならない。つまり探した一部の地点と、山全体という空間を同一視してしまうという荒業を行い、一部の地点から一気に空間全体へとジャンプする。そして空間という広がりを、黒く塗りつぶして無効にし、いわば点にしてしまう。空間を点とみなすこと。それが「諦める」ということなのである。それは、或る広がりがあって様々な内容（地理）を有する空間を、記号にしてしまうことだ。「諦める」ことは記号化過程と考えることができる。

逆に、あなたは、点を空間にすることもできる。山に分け入った直後、すぐさま、数粒のドングリを見つけたあなたは、「この山にはドングリがあるぞ」と確信する。あなたは、数地点の成功を敷衍し、山全体をドングリ探索の可能な広がりとみなすことになる。それは期待のこもった予測、すなわち「予期」と呼ばれるものだ。点を空間とみなすこと。それが「予期」である。それはそれ自体意味を担わない記号を膨らまし、意味内容を担う広がりとする過程、記号を記号以前の自然な広がりに戻す過程である。これを脱記号化過程と呼ぶことにする。「予期」は脱記号化過程と考えることができる。[3]

果たして諦めることと予期することは表裏一体だ。あなたは、諦めることができるから、予期することができる（諦めることが予期することに一致すると言っているのではない）。空間を点にし、点を空間にすることができる。記号化し、脱記号化できる。それは時間においても同じことだ。長さと内容を持つ時間幅を「忘れる」ことで、時間を点として消し去り、この現在の時点に広がりを持たせることで、「反復への期待」を作り、「明日もまた生きていくのだろう」、と思うことになる。

ドングリを諦めることは、記号を作ること（記号化）だ。ドングリを期待することは記号を無効にし、純粋な記号を介してその意味を略奪すること（脱記号化）だ。本書の「わたし」や「デジャヴ」の解読は、その延長線上にある。

諦めることと忘れることから出発した記号化、脱記号化は、記号の外部の運動を通して、理解を深めることができる。子供が「たくさん」という言葉を初めて使うときのことを想起してみよう。子供は、一、二、……と数え始める。そうしておもむろに、数え切れないと言わんばかりに、「たくさん」と言う。それはもはや具体的な数を指定しても意味がない、ということの表明だ。一二個だろうが一三個だろうが、その違いには意味がない。いずれにせよたくさんなのだ。どうして突然、「たくさん」

が出現するのだろうか。それは記号とその意味の関係を規定する解釈（文脈）が、実は、異質なものの連続として連なっているから、と考えることができるだろう。銀行の決済など、一円の違いも許されない。そこでは厳密に数えることに意味がある。しかし数を数えるにせよ、それほど厳密さを要求されない場合もあるだろう。粒状のチョコレートや、昔のようにマスで売っていた蜆など、数え方は大まかになる。ここでは数えることの質が変化している。

数である一、二、……なる記号表現には、一であること、二であること……という記号内容（意味）が伴うことになる。その対応関係を基礎づける解釈（文脈）は、しかし、どのような状況で数を用いるかによってその意味を変質させる。厳密な区別を有意味とする解釈、大まかな意味においてのみ数え上げの意味を担保する解釈、おざなりに数えても数えるだけで許容される解釈、こうして数え上げの意味を、どんどん質的に希釈していった果てに、数えることが意味を持たない解釈、が存在する。果たして、数え上げに対する解釈は、連続的に、少しずつ変化するように見えながら、その解釈の軸の一点一点にあって質を異にし、不連続なのだ。だから、その解釈のスペクトラムは、「数えることに意味を求めない解釈」をも有することになり、「正確な数え上げに意味を求める解釈」から、一見、連続的な変化を示すことになる。

一、二、……と数えることを根拠づける、数え上げを有意味とする文脈は、数え上げを否定する、数え上げの外部にまで連続的に繋がっており、その外部の前景化によって、数え上げの否定が記号化される。こうして数えることを無効にした記号0が出現し、同様に「たくさん」が出現する。つまり数を数えることの空間を黒く塗りつぶし、記号化する過程は、文脈の徹底した前景化——外部さえ前景化する前景化——によるものだと考えられる。逆に、文脈の徹底した背景化は何をもたらすだろうか。記号に意味を与える文脈が極限まで退く時、記号の意味は脱色され、無効にされ、意味を失うことになる。そこに見出されるのは、端的なただの記号、一切の意味を纏わない、純粋な記号である。純粋な記号だけが、勝手な意味によって膨らまされ、脱記号化される。こうして文脈の背景化は、脱記号化の契機を与えることとなる。

或る研究会で、この外部の前景化という話をすると、外部といった途端に外部の外部が現れ、無限退行するのではないか、と質問された。そういった疑問に対しては、第4章「存在論的独我論から帰結される「貼りあわされた世界」」で答えることになるだろう。但し、要点のみ、ここで述べる。無限退行という問題には二つの表現がしばしば取られる。一つは自己言及。もう一つはフレーム問題だ。両者は質的に異なる問題で共存し、かつ、互いに互いの前提を無効にする。だから、外部の前景化に対する無限退行という疑義は、フレーム問題と自己言及の接続によって問題とならない。どんぐりを数えるという問題は、一、二、……という数え方の統語論と一個のどんぐり、二個のどんぐりという意味論から構成される論理体系に対応する。この対応関係を成立させ、成立させないものにさえ繋がる文脈が、現実との接続である。各々単独に扱われる限り、論理体系が自己言及を、現実との接続がフレーム問題を生み出すわけだ。しかしもはやその問題は互いに無効にされ、外部の外部という疑義は宙吊りにされる。外部の前景化、記号化・脱記号化という議論は、以上の議論の上に成立しているのである。

3　純粋な記号＝運動

　ここで述べた記号化・脱記号化過程について、重要な注意事項を与えておきたい。それは、ここでの論述が、記号とその意味の二項関係や、さらに解釈者を付与した三項関係に基づく、いわゆる記号論とは異なり、解釈（文脈）の前景化・背景化によって、記号の生成・起源さえ論じ得る点にある。背景化は、記号とその意味の関係を、曖昧さを排除して唯一の関係とし、文脈を無効にしてしまう。その結果、「記号＝記号の意味」は、二項関係の意味を失い、自明な存在となる。記号＝記号の意味という形式での「記号の意味」とは何だろうか。それは記号それ自体を指し示すという意味である。傘という記号が、傘であるところのコウモリを指し示す訳ではなく、コウモリや日よけ、上空から降り注ぐものを遮る物一般を指し示す訳でもなく、ただ、「傘」という記号、「傘」という名前それ自体を指し示す。この限りで、それが「か」、「さ」という音を持つことや、記号としての漢字の出自さえ意味を成さない。つまりそれは記号ではなく、それ自体を指し示すという運動、もしくは関係でしかない。

　純粋な記号とは、記号それ自体を指し示す運動であり、いかなる物象化も伴う必要がない。自分で自分を指す運動、それは自己指示、自己言及と呼ばれてきた運動だった。ポストモダンと呼ばれる思想運動に伴い、様々な形で自己言及が取り上げられきた。しかし、多くの場合、自己言及は、自己言及形式の外部とは切り離された、世界とは独立な存在と措定された。だから、それは、変化や進化、変質することとは無縁の抽象的存在に過ぎず、ただ自己を維持するという構造の中に封緘（ふうかん）されるしかなかった。

ここでいう自己指示的運動は、背景化した文脈と共にある。決して世界から切り離されていない。そしてこの自己指示的運動は、文脈の前景化・背景化を許容する運動である。自己指示性は、空間の全体、世界の全体を意味しない。それは或る場所、ここ、において継起する運動である。すなわち、或る局所で成立する運動である。局所を局所たらしめているもの、局所において閉じているかのような指し示しを実現しているものこそ、局所を取り巻く文脈である。それは局所からみた外部環境である。文脈の前景化・背景化は、外部環境からの影響が質的に変化することを意味している。局所における構造を、世界から隔絶した結晶のような存在ではなく、外部環境からの絶えざる揺らぎによって、生成として理解しようという理論的目論見の白眉が、散逸構造という理論だった。散逸構造は、自分で自分を興奮させる自己言及（自己触媒反応）に揺らぎを与え、非自明な構造形成を一般的に説明しようと試みた。だが、外部環境からの干渉を、揺らぎという、一見多様だがその確率分布において一様な道具立てのみに求めることには無理があった。外部環境、本書で述べるところの文脈は、前景化し、背景化し、局所への影響力を質的に変えるのである。だからこそ、外部環境の徹底した背景化によって見出される純粋な記号＝自己言及は、外部環境の前景化によって二項対立として分節され、物象化し、記号を生み出すのである。

記号化・脱記号化過程の射程にあって、記号がアプリオリに存在している訳ではないことが理解されるだろう。そこでは具体的に、文脈の前景化・背景化を通して記号以前から記号への変化、さらには記号の縮退・解体が理解されることになる。端的に運動する局所に、外部環境が前景化することで二項関係が物象化され記号化が引き起こされる。ここから逆に外部環境が背景化することで、記号は意味を剥奪され、純粋な記号となって、突如、新たな意味を担い、意味を伴うべく空間化・概念化する。これが脱記号化である。

記号化・脱記号化を通してしか理解できないもの、それが「このわたし」であり「デジャヴ」である。このことを明らかにするために、小説『モレルの発明』について論じようと思う。

4 モレルの発明に生きる

『モレルの発明』は、アルゼンチンの作家カサーレスが一九歳で書いた小説である。簡単にあらすじをなぞっておく。終身刑を宣告された犯罪者である主人公は、逃げ果せる逃亡先を探し、無人島である絶海の孤島にたどり着く。そこは高地と低地に分かれており、低地は満潮時に水没し、湿って虫の這い回る人が住むには悪い場所だ。対して高地には宮殿風の建物「博物館」があり、人の気配がある。無人島どころか、博物館では一団の男女によって毎日パーティーのごときが開かれ、主人公は人目を避けるため、止む無く低地に潜むこととなる。陰からパーティーの様子を窺っていた主人公は、海に沈む夕日を毎日決まって眺める美女、フォンテーヌに恋い焦がれるようになる。そして或る日、主人公は決定的なことに気づく。すなわち、高地における人物の動きは、一週間周期で完璧に繰り返されていたのである。高地で蠢く(うごめ)人間は、現実の人間ではなく、視覚、聴覚、嗅覚、触覚にまで訴える、究極のヴァーチャル・リアリティーだったのだ。

周期的に繰り返される映像の中、この立体映像撮影がモレルという男の発明であると明かされる。映像は潮汐力を動力源とし、永遠に動き続けることができるらしい。やがて主人公は病に侵され、自身の死を悟る（その病もまたモレルの撮影装置と関連があるのだが、ここでは関係がないので省略する）。さらに主人公は、この立体映像の撮影装置や映写装置を見つけ出し、撮影し映写する方法を身につける。かくして、フォンテーヌとの恋を成就させたい主人公は驚くべき解決策を編み出す。主人公はフォンテーヌと語らう自身の映像、フォンテーヌとグラスを酌み交わす自身の映像を撮影し、この合成映像を映写し続けることにしたのである。こうして、自身もまた映像の中に入り込み、フォンテーヌと共に、永遠に、映像を繰り返すことになるのだった。

この『モレルの発明』は、こうしてあらすじだけなぞるなら、一見、昨今唱えられるマインド・アップロード賛歌のようにも思える。質料（物質）としての肉体を持ったわたしではなく、形相としてのわたしの抽象的存在様式こそ、わたしの本質だと考えるマインド・アップロード主義者。わたしの運動、行為、思考、感覚、情動、の全てを司る脳（神経細胞）の機能をプログラムとして実装し、そのプログラムを計算機の中に移植（アップロード）する。こうして物質としてのわたしは消滅しても、わたしの本質であるところの形相＝抽象的心（マインド）は、計算機の中で生き続けるというわけだ。もしその計算機が機械として損傷を受け、壊れることになったなら、再度、わたしの本性であるプログラムを新しい計算機に移植すればいい。わたしの心は、永遠に計算機の中に生き続けるというわけだ。究極立体映像の中に生き続ける主人公の夢想は、まさにマインド・アップロードを夢想する科学者と同質のものに思える。

しかし、小説として書かれ読まれる『モレルの発明』は、むしろ逆の感覚を読者に与える。それは、立体映像の中に生きる体験を与えるものではなく、立体映像の中に生きる体験を外部から眺め、相対化し、宙吊りにする体験を、読者に与えるのである。主人公は反復の中に生きようとする。ここに示される反復は、原型となる撮影映像の完全なるコピーであり、繰り返しだ。もちろん厳密なコピーなどあり得ない。それは少しずつ変質し、半永久的に繰り返されることはあっても、真の意味で永久に繰り返されるものではない。ただ、『モレルの発明』の主人公は、そのような変質を無視し、少なくとも同じ手続きが同様に繰り返され、それが永遠に繰り返されると信じている。潮汐力を利用して、ワンクールの映像が映写され、一週間が過ぎたところで、また同じ手続きが始まる。映像が完全に同じかどうかではなく、同じ手続きが繰り返される、という信念こそ、主人公の核心を成す。だからこそ、それはマインド・アップロードと同じなのだ。

マインド・アップロードではプログラムとしての私が計算機に移植される。プログラムは、脳のように、外部からの視覚や聴覚、嗅覚刺激などを電気信号に置き換え、信号のパターンに従って外界を解釈する。その解釈に従って計算を進め、その結果、外界に対して意思決定する。その意思決定は、「逃げる」といった全身運動を伴うものから、「懐かしく感じる」といった内省的感覚、「痛い」といった感覚など、様々な体裁を取るだろう。脳同様、外界の刺激がなくても、計算は進行し続けるだろう。プログラムに従って反復され、維持される記憶を、反芻し、整理し、除去したり、付加したりすることもあるだろう。それはデータ構造の除去、付加に止まらず、プログラム自体の部分的除去や付加をも意味し、プログラム自体の変質を意味する。ただし、そのようなプログラムの変質、つまり計算機の中に生きる「わたし」の変質さえ、一連の操作的手続きの繰り返しによって実現される、とする信念がある。

『モレルの発明』が端的な映像の繰り返しである一方、マインド・アップロードでは、外部刺激への応答や内省のパターンが変化し続け、端的な繰り返しなどどこにもない。しかし、映像の反復によって、永遠にフォンテーヌと共にあると信じる主人公も、マインド・アップロードによって永遠に生きると信じる科学者も、共に一連の同じ操作の反復こそが、変化しないにせよ（モレルの発明の場合）、変化し続けるにせよ（マインド・アップロードの場合）、永遠の生を作り出す原動力だと信じているのである。

それは大いなる誤謬である。同様の操作の反復の中に生きること、それが、「モレルの発明に生きること」であり、「マインド・アップロードに生きること」なのである。その内部にのみ閉じ込められる経験に、記号化・脱記号化はない。むしろ我々は、内部に閉じ込められながら、内部を相対化し、宙吊りにすることで生きている。それは「モレルの発明を生きること」なのである。

5　モレルの発明を生きる

「モレルの発明に生きる」と「モレルの発明を生きる」の違いを通して、我々は、より記号化・脱記号化の役割を理解することになる。まず次のような例を考えてみよう。あなたは、百桁から成る数字キーを与えられる。或る特定の数字がなんらかの正解なのだが、あなたはその正解を知らない。ただあなたは、各桁の数字0から9までを、一つずつダイヤルを回して操作し、百桁の数字を数え上げていくことができることを知っている。だから、あなたは、この数え上げの操作によって、いずれ正解にたどり着くだろうとは確信しているが、肝心の正解については知らないし、知らないことの意味することもわかっていない。だから、ただダイヤルを回し続けることができる。正解の数字は、ダイヤルを回して百桁の数字を変えていく操作、とは何の関係もない、操作的反復の外部なのだ。「モレルの発明に生きる」とは、数字キーのダイヤル操作だけを知っていて、これを反復する過程を意味している。正解という外部と、数字キーを操作し続ける者は、分離されている。対して「モレルの発明を生きる」者は、操作的反復の過程、その過程に従事する自分自身を相対化し、宙吊りにすることができる。それは外部との連携、干渉を意味する。こうしてモレルの発明を生きる者は、ダイヤルを回しながら、正解を知ることができる。

正解を知らない・知っているという違いに、読者は戸惑うかもしれない。そこで、この数字の正解という意味を、「魅惑的な数字」に置き換えて考えよう。この正解は、数字を操作する本人が発見し、自ら決定する正解なのである。或る数字の並びにおいて、突然、「魅惑的である」と感じ、ダイヤルを回す手を止めることができる。それこそが、あなたの正解なのである。あなたの正解を決定できるということが、ダイヤル操作を生きること、すなわち、モレルの発明を生きること、なのである。それは、一つずつダイヤルを回し、百桁の数字を数え上げること自体をそこで停止し、すなわち、数え上げ操作実現の空間を黒く塗り潰し、「魅惑的」という記号にすることなのである。世界を魅惑的な数字に置き換えてみても、なお、「ダイヤル操作に生きること」、「モレルの発明に生きること」は成立する。モレルの発明に生きる者は、正解を自分で決定できると知っていながら、決して自ら決定できない。同様の操作の反復を、相対化し、宙吊りにすることが決してできない。彼は、原理的に正解に到達できる、という信念を唱えるばかりで、正解を創り出すという記号化、「これだ」と思う創造の瞬間に与することができないのである。

猿がタイプライターを叩くことで、小説は可能か。タイプライターを叩く猿は、一つのキーを無作為に選び、タイプライターを叩いていく操作を訓練され、身につけている。猿は訓練された操作の反復に生きる、「モレルの発明に生きる」者である。しかし猿は、無作為に並べられた文字列の意味について何も知らないし、その意味を拓こうとも思わない。猿は自ら生成する文字列が、小説として成立するか否かに関して全く無関心なのである。猿の生成する文字列が素晴らしい小説となる可能性があるか、と問われれば、もちろん、イエスである。原理的にそれは可能だ。しかし、タイプライターを叩き続ける猿は、その傑作完成の瞬間に決して立ち会えない。猿は、何が傑作なのか、何が小説なのか、無自覚なのだ。猿がタイプライターを叩くことで小説は可能か、といった問いを掲げる者は、ほとんどの場合、「モレルの発明に生きる」ことと「モレルの発明を生きる」ことの違いに無頓着だ。原理的に可能であることと個別的に可能であることを区別せず、創造の瞬間に立ち会える「わたし」が、問いから抜け落ちていることに気づかない。

「猿がタイプライターを叩くことで小説は可能か」、という問いは、すぐさま「人工知能に創造は可能か」という問いに置き換えることができるだろう。この問いは、「人工知能に芸術作品を創れるか」、という問いでありながら同時に、「人工知能に感情は発生するか」という問いでもある。「諦める」、「予期する」は、一、二、……から生成される「たくさん」であり、「楽しい」や「悲しい」であるからだ。「楽しい」や「悲しい」は体の内部で粛々と進行する生化学反応を相対化し、記号化することだ。野原を散策する時、眼前に広がる草原や空（視覚刺激）、適度な疲労感や少しばかりの汗（体感）、小鳥の鳴き声や草の擦れる音（音声刺激）、草いきれ（嗅覚刺激）や足を通過する草（触覚刺激）は、様々な外部刺激として、わたしの脳に届き、粛々と計算される。電気信号と生化学反応で実現される計算過程は、さらに体内を駆け巡り、一つひとつの局所で、以前の反応物質は以後の生成物となり、これを繰り返す。この局所で進行するだけの反応を相対化し、反応で進行する過程の全体を俯瞰するかのように、命名する。そうして出現する記号こそ、「楽しい」だ。だから、感覚もまた記号化であり創造なのだ。

一連の機械的操作を反復し、学習し、プログラムを変化させ続ける人工知能は、「モレルの発明に生きる」者である。機械的操作の反復を繰り返すだけで、そこに創造や感情の生成を期待することは、猿がタイプライターを叩く中に小説の出現を期待することに等しい。もちろん、猿の場合の小説と同じく、可能かと問われれば答えはイエスである。ただし、「楽しい」という記号化の出現は、文字の組み合わせによって小説を作り出すより困難であろう。いままでの議論から、それがまた原理的には可能であることも自明であるが、組み合わせ以上の問題である点は、次の節で説明しよう。

6　モレルの発明を生きること――その実装の困難

モレルの発明に生きる人工知能をうまく活用することは可能だ。ダイヤルを回して数字を数え上げる人工知能を考えてみよう。そのダイヤルが扉の鍵になっていて、ダイヤルが符合すれば鍵が開くことはわかっている。そのためには可能な数を数え上げなければならないが、ダイヤルを回し、試す操作は、人間にとってひどく面倒な作業だ。ダイヤル数え上げ操作を、高速で実行できる人工知能を積んだロボットなら、あなたの代わりに、素早く正解に到達することが可能だろう。正解が何であるかわかっていて、それに到達するまでの経路を見つけるだけなら、操作の反復によって実現されるのである。

問題は、自分自身で正解を創り出す場合であり、自ら記号化する場合であった。感情を創り出すという操作はそこにある。しかし、知性を持った人間だけが記号化可能であり、機械にはそれができない、という訳ではない。「楽しい」を思い描く生化学反応の進行を思い出してみよ。化学反応は基本的に局所的に進行し、或る局所が他の局所の情報を知りながら反応を進行させる訳ではない。また、生化学反応は、どの場所でも同様に、一様に進行していると考えられるが、それは仮定に過ぎない。化学物質Aの一分子と化学物質Bの二分子が結合し、単位時間あたり〇・二個の化学物質Cが生成されるとしよう。しかしこの記述は全ての局所の生化学反応において成立するものではない。或る局所では、〇・五個の化学物質Cが生成され、或る局所では〇・一個のみのCが生成される。つまり「化学物質Aの一分子と化学物質Bの二分子が結合し、単位時間あたり〇・二個の化学物質Cが生成される」は、或る種の平均なのである。

しかし、厳密な意味での平均ではない。前述のように、或る局所の反応は、他の局所の反応を知り、全体としての辻褄を合わせるようなことができない。平均として〇・二個の化学物質Cが生成されるが、隣接する局所では平均をやや上回り〇・三であった。そこでこの平均からの逸脱を補償するべく、この局所では化学物質の生成を〇・一とするなら、平均値〇・二は維持されるだろう。もし平均からの逸脱を起こす確率が予め決まっていて、確率分布が特定の分布、例えば正規分布として与えられているなら、平均は絶えず維持される。それは、或る局所が他の局所の平均からの逸脱を補償することと、結果的に同じことになる。平均が存在する＝維持されるという仮定は、逸脱からの完璧な辻褄合わせを意味するものとなる。それは理論上の近似であり仮定に過ぎない。

つまり「化学物質Aの一分子と化学物質Bの二分子が結合し、単位時間あたり〇・二個の化学物質Cが生成される」は、とりあえず措定された一般的理念であり、各局所で起こる反応は、ここから逸脱する。そしてその逸脱を補償し、平均を維持するものはない、ということになる。他方、化学反応の多くが、こういった確率分布を導入した記述によって、うまく近似できるということは知られている。したがって、平均が存在し維持されるかのような、当該の化学反応の一般理念を安定化させる条件も存在すれば、不安定化させ、さらにはほとんどこの理念が成り立たないような条件も存在するということになる。確率分布を用いた化学反応の記述が、科学において成功しているということは、もちろん化学反応の一般理念を安定化する条件が、より一般的であるということを示唆するだろう。しかし、それを覆す条件の存在は決して否定されない。様々な、異質な条件が連続している。

例えば、一般理念の変質は、「化学物質Aの一分子と化学物質Bの二分子が結合し、単位時間あたり〇・〇一個の化学物質Dが生成される」にまで至ると想像せよ。この化学物質Dの生産は、微量でも神経系から脳に伝達され、脳に到達されるや否や、大量の快楽物質ドーパミンが放出されると想像せよ。その時、粛々と進行していた化学物質Cの生産は突然否定され、ドーパミンの放出によって、あなたは「楽しい」と感じることになる。こうして、一連の操作的反復の果てに、その操作の否定が出現することになる。

「たくさん」の出現において、私は文脈の外部性が前景化すると述べた。文脈は、厳密な区別を有意味とする解釈、大まかな意味においてのみ数え上げの意味を担保する解釈、おざなりに数えても数えるだけで数え上げとみなされる解釈、……と変質し、一連の異質な解釈がスペクトラムを形成し、その果てに、数えることが意味を持たない解釈、すなわち、数えることに意味を持たせる解釈の外部、が接続すると述べた。異質な解釈の連続は、化学反応で、異質な条件の連続に置き換えられる。措定された化学反応の一般理念が、安定的に成立する条件の果てに、これを否定する条件、すなわち一般理念の外部、が存在し、その外部の前景化によって「楽しい」が出現する。その意味で、「楽しい」の出現は「たくさん」の出現と同じく、記号化過程なのである。

ここに人工知能で「楽しい」を想像する二つのレベルの困難さが認められる。第一のレベルは、異質な解釈（文脈、条件）がもたらすスペクトラム実装の、現実的困難さにある。現在の人工知能は通常、人工的神経回路網という形式で実装されている。それは、オンかオフかに二値化された、外界からの外部刺激を取り込む入力層と、計算結果を意思決定のパターンとして表す出力層の間に、隠れた複数の中間層を用いた、階層的システムで表現される。入力層の計算は複数の中間層へと伝達され、中間層からさらに深い（隠れているので深いという表現をとる）中間層への伝達によって、計算する情報は圧縮され、複製され、外部刺激パターンは特徴づけられて学習される。逆に、この学習結果を呼び出して、与えられた状況を判断することが可能となる。これが昨今、人工知能を席巻するディープ・ラーニングだ。こうして外界の情報は、オンとオフのパターンとして解釈され、パターンとして意思決定される。

オンとオフのパターンで全てを評価する情報処理過程に、異質性は埋め込まれていない。まず現実の神経回路網では、電気信号のやりとりをする過程に水溶液中での生化学反応が介在する。オン・オフをもたらす離散信号に近似できる過程と、空間の中を拡散によって情報が伝播しながら化学反応が進行する、連続量で近似される過程とが、混在することになる。ここに認められる異質な過程の接続は、人工的神経回路網で実装されていない。さらに現実の神経回路網は、その一部で脳を形成しながらもそれだけに止まらない。神経系は他の肉体領域に接続し、様々な感覚器官、筋肉に接続している。感覚器官がどこまでを外部刺激として解釈可能なのかによって、肉体の外部さえ、神経系に接続するシステムの一部と考えられるだろう。こうして現実の神経系は、様々な異質なものへと接続しながら、肉体を否定する外部にまで接続している。この異質性のスペクトラムを受け容れながら、その上、神経系は、近似的に安定的で簡単に破壊されるものではない。つまり、神経系は、外部と〝なんらかの〟調停関係にある。単に一般理念を安定化させるものから不安定化させるものまで、一連の条件が揃っていればいいというものではない。条件に依存して、その条件の外部との関わりが異なってくるのだ。つまり自然はうまく、環境（文脈）を前景化・背景化しているのである。

現存する生物、現実の神経回路網は、外部と関わり合いながら、適応し、外部との動的調停関係を畳み込みながら、進化してきた。明示されない外部との調停関係は、現実の生物には内在している。ところが、人工的神経回路網は、異質なものとの接続を無視して構築されている。異質な情報処理との接続、異質性のスペクトラムを無視して感情の創造を期待することは、予め猿が叩くタイプライターに小説を期待すること以上に困難だ。さらに、異質な条件のスペクトラムを配置し、機械的に実装することで、条件の外部を考慮しようとしても、外部との動的調停に関する知識が決定的に不足している。この意味で人工的神経回路網に、おのずから感情が生成されることを期待するのは、極めて困難だ。

異質なものとの接続の例として理解しやすい事例が、反応の同期性である。人工的神経回路網では、相互作用する神経細胞の間で、情報処理が同時に進行する。実際には情報処理に有限の時間がかかるにもかかわらず同時に進行するということは、早く処理を進めた一方が、遅れた他方を待っているということだ。例えて言うなら、電車の中、隣の席で広げられた新聞を覗き読みする私を、新聞を広げる当事者が、親切にも読み終わるまで待ってくれるようなものだ。もちろん現実にそのような同期的反応は起こらない。局所ごとの生化学反応も、相互作用する神経細胞も、非同期的に進行する。しかし非同期であるなら、反応の全体はたちどころに破綻する。反応の非同期性を考慮するとき、我々は、外部との接続を実装することになる。しかしそれだけでは、結果として安定である経験則を満たさない。ここにも外部との調停が見出されることになる。[6] それに対する知識は、やはり決定的に不足している。非同期にするだけでは事足りない。ただし、私は非同期性と調停の関係を、抽象的な計算システムであるセル・オートマトンで何度か実装してきた。そのような調停のデバイスが、人工的神経回路網で有効である可能性はあるだろう。そしてまた本書で展開されるいくつかの方法も、外部との調停のうまい方法になる、と期待される。

第二のレベルの、モレルの発明を生きることとの実装の困難さについて、私はまだ語っていない。例え、異質性のスペクトラムをうまく実装でき、各異質な条件とその外部の調停関係が実装でき、その限りでの記号化が実現したとしても、第二のレベルの困難さが立ちはだかる。いや、もっと簡単に感情を実装できる、と考えることもできる。先の化学反応の例では、一般理念を成立させる条件においては、化学物質AとBからCが生成されたが、その条件の外部では化学物質AとBからDが生成された。なんらかの閾値を超える時、生成物質がCからDに変化するという異なる条件間の遷移を予め与えるように、なんらかの外部刺激評価量が或る閾値を超えた時、「楽しい」と表示されるようにすれば、「楽しい」と感じる人工知能は容易く実装できるのではないか。このような知能観に大きく立ちはだかるのが、第二のレベルの困難さである。

第二のレベルの困難さ、それは、私において、外部の記号化以前、外部を知らず、記号化以後初めて外部を知るという、外部という存在の存在理由に関わる外部の特性だ（外部とは定義上、認識不可能なものだ）。私は、確かに予め外部について知っているということはなく、記号化を通して外部を垣間見る。外部は決して用意されていない。この、私の体験における外部性の特性は、予め実装される異質性のスペクトラムには決して認められない。予め外部との関係を実装しておくこと自体が、経験以前には決して存在しない外部、という外部の定義を侵害してしまうからだ。これが第二のレベルの、「楽しい」感覚実装の困難さである。この困難さは原理的なものだ。だからこそ、それはデジャヴ感覚と密接な関係にある。それを次節で論じよう。

7 モレルの発明、デジャヴ、いや「このわたし」とは

小説『モレルの発明』読後のデジャヴ感は、読んだ者にしかわからないかもしれない。しかし、それは実際のデジャヴ感を伴うものではない。立体仮想映像の中に入り込み、永遠に反復しようとする主人公に、読者が、過去に見たような懐かしさを感じる、ということは決してない。むしろそれ以上の、懐かしさというものの形式、懐かしさの存在様式を感じるのである。それは、デジャヴ経験の中に浸り、デジャヴに生きることではなく、デジャヴ自体の意味を宙吊りにし相対化し、デジャヴを生きる経験を与えてくれる。

デジャヴ体験をすること＝デジャヴに生きること、とは何だったのか。それは行ったことのない場

所や初めて体験したことを、ずっと以前に体験したかのように感じることである。未知を既知と感じることである。デジャヴ体験の真っ只中にいるとき、あなたは、未知を既知と感じるという、一見真っ当な解釈にさえ行き着かない。ただ、「あれっ」と思うだけだ。そこにあるのは未知が既知になっていくことを受け容れる私を超越した、奇妙だが心地よい浮遊感だけだ。

未知が既知に変化することを時間とみなすなら、そこにあるのは圧倒的な断絶である。しかし我々は、時間が連続的であると感じ、不連続を見出せない。連続性を維持するには、未知が既知になるとき、未知と既知は重なり合いながら、現在、つまり「いま・ここ」を創る必要があるだろう。「いま・ここ」において、未知と既知は両義的に成立することになるだろう。未知と既知の共立は、まさにデジャヴを思わせるが、デジャヴには「いま・ここ」のような安定感、連続感はない。デジャヴはむしろ、未知と判定できる、既知と判定できる、という評価の寄って立つ場所を宙吊りにしている。未知から既知への重複を許す反復を宙吊りにした広がりの全体に、むしろ私はいる。だからこそ、未知と既知を超越した空間全体として、私は浮遊している。浮遊は、空間の中の局所を漂っているからではなく、空間全体を占める私の肌理の結果、出現する。

『モレルの発明』の主人公は、操作の反復に生きんとする。以前を以後に変える営みを時間と信じ、その無限の繰り返しこそ永遠と考えている。だから、彼自身は決して宙吊りであることを自覚せず、反復を宙吊りにする空間足り得ない。しかし、主人公を外から見る我々は、反復による永遠の不可能性から、翻って、主人公の反復を宙吊りにする空間に辿り着く。

『モレルの発明』にみとめられる、現実と仮想の共立、往復、両者の交感さえ思わせる接続、は、読者に、現実と仮想を厳密に区別しながらも、その混同を余儀なくする。読者は、現実から仮想へと不用意にスライドし、記述された内容から無自覚に別の領域へとスライドする。こうして読者は、デジャヴ存立の場所に降ろされる。それは『モレルの発明』独特の書かれ方にもよるだろう。小説の核となる立体仮想現実が、いかなる仕組みで実現されるのか、その可能性を示唆するようなことが述べられるなら、この小説は科学的な小説として、その論理性や、記述の正確さを評価されるに違いない。しかし『モレルの発明』は、立体仮想現実のメカニズムを宙吊りにし、隠蔽し、それでもなお読者にそれ以上の追求を欲させない。こうして読者は、宙吊り状態の独特の浮遊感を伴ったまま、読み進むことになる。小説の内容として記述される、仮想と現実の厳格な区別を受け容れながら、仮想から現実へ、現実から仮想へと滑り落ちていく。

この浮遊感の中で、読者は、反復それ自体が宙吊りにされる空間を知る。そこへ到るまで、三度の横滑り（スライド）を体験することになる。第一に、仮想映像の反復に、未知から既知への遷移を見出し、その反復を見出す。つまり仮想映像の反復から「いま・ここ」の反復へとスライドする。仮想映像は、撮影された映像が記録されただけだ。その端的な反復は、全てが既知であり、未知の要素などどこにも見当たらない。しかし、この反復を主人公は、生きることだと確信し、永遠の生を夢想する。ここで読者は、記録映像の反復に、以前と以後の相違を見出し、記録映像の反復にさえ、未知から既知への遷移を見出すことが可能であると考えるに至る。なぜなら、全ての未知は或る意味、既知であるがゆえに、知覚された後（知覚対象となる程度に知っている）、未知と判定されるのだから。ここに読者は未知と既知の共存、両者の錯綜を見出し、デジャヴなのか「いま・ここ」なのか不分明な地点へとスライドしていく。

第二に、読者は、このデジャヴであり、いま・ここであるような地点の、さらに極限に、スライドしていく。記録映像の反復を生きることとみなすことなど、通常不可能だ。しかし読者は、主人公の企みの中に未知と既知の反復、未知と既知の区別と混同をみることで、その企みの逢着する地点に想いを馳せる。そして、その企みが、無限の反復として極限を指し示し、極限において成就可能でありながら、極限は反復によって不可能な場所であると知るのである。極限とは、まさに、子供の「たくさん」である。時間を要し、空間を移動しながら、数え上げることを、まさにやめることが、数え上げる反復の極限である。それが「たくさん」だ。未知と既知の反復の極限とは、反復を否定することである。反復による永遠の肯定が、反復の否定を意味する。そこにある極限は、有限の反復を自然に延長し、その果てに辿り着くように見える。しかし事態は逆だ。したがって、反復による永遠の肯定という極限概念は、錯覚であり、誤謬なのだ。反復における未知と既知は、決して一致することで両者間の断絶を解消し、一点へと収束するものではない。未知と既知の齟齬に、未知と既知の間に、突然落ちてくる点こそが極限である。だから無限反復の、肯定としての極限とは錯覚であり、極限は未知と既知を一致させることの不可能性を指示する記号なのである。果たして読者は、記号化の瞬間に連れ出され、スライドしていく。

読者は反復の中に生きることがなく、反復の極限に生きることもない。こうして第三に、読者は、極限を相対化する、極限を取り囲む空間にスライドする。その時、極限を点とする空間にあって、空間を点の拡大の結果だと考えるに至る。極限は、点であり、すでに記号としての意味を持ち得ない。それはもはや純粋な記号である。読者は、主人公の反復を半分体験しがなら、主人公の反復の極限を外部から眺め、相対化できる立ち位置を予め確保している。その限りで、極限に到達するや否や、反復の極限を取り囲む空間全体こそ、自分自身となってしまう体験を感じることができる（実際体験するわけではない)。記号化し、純粋な記号が得られた刹那、空間が広がる。こうして読者は、純粋の記号が弛緩し、膨張し、空間化する瞬間の、理論もしくは描像を獲得することになる。それは脱記号化の瞬間に関するモデルである。それは、純粋な記号が、それ自体意味を持たないことによって、読者であるわたし自身によって略奪され、空間化される過程である。

未知と既知は各々、記号表現と、意味を具体的経験によって指し示す記号内容とに対応づけられる。未知の意味は、既知の経験によって照合され、意味を与えられようとする。それが未知と既知の間の不断の反復を意味する。反復の不可能性とは、未知を既知によって対応づけられなかったことを意味する。果たして、いかなる具体的経験でもなかった、現前している「この未知」は、経験の否定という純粋な記号を獲得すると同時に、脱記号化によって、具体的経験ではない純粋な経験(一度も現在でなかった経験)を獲得し、ひたすら懐かしく時空を漂うわたしとなる。それがデジャヴ体験と考えられる。

モレルの発明を生きることの、第二のレベルの困難さ、外部性の問題は『モレルの発明』読書体験における第三のスライドを通して理解されることになる。それは、記号化の果てにある純粋な記号が、脱記号化して空間化される(ことが理解される)点に求められる。文脈が前景化し、具体的経験(既知)との照合の果てに、外部さえ前景化し、具体的経験ではない経験＝純粋経験が記号化され、同時に徹底した文脈の背景化が瞬時に起こり、純粋経験は純粋な記号となる。だからこそ、純粋な記号としての純粋経験は、純粋な懐かしさを感じる、このいまのわたしに略奪され、漂うわたしを開設する。つまり外部の記号化は、同時に脱記号化によって、今までなかった一回限りのこのデジャヴ体験を開設する。だから、前節で述べた第二のレベルの困難さは、純粋な記号によって意味を剥奪された直後に出現する脱記号化の限りで、以前にはなかった、予め準備することが出来ない広がり（体験）の出現に求められるのである。

記号化の極限として出現する純粋な記号と、そこから引き続きもたらされる脱記号化という描像は、我々に「このわたし」の開設に関する理論を与えてくれる。冒頭述べたように、科学者の多くは、決定論的因果律に従うとする世界観と自由意志の不整合を根拠として、自由意志や、このわたしの実在性に疑義を唱え、それらは幻想だと主張している。とりわけ、自分が自発的に、例えば人差し指を曲げようと思いつく以前に、脳の準備電位と呼ばれる部分がすでに活動しているという実験結果はインパクトがあった。それは、私の自由な意思決定、自発的な思いが、脳の他の部分——無意識の領域——に強いられた、受動的なものに過ぎないことを意味しているからだ。しかし、事態は逆ではないか、と私は考える。この明快な意識、自発性を有すると信じている意識が、世界の、宇宙の全体によって結果的にもたらされているのは受け容れざるを得ない。むしろこのわたしを受動者とする能動者を外部に求め、一、二、……と数えるように、外部を探し、「たくさん」と言うように、わたしを動かすものの捜索を断念＝不可能性を受け容れ、わたしを動かすものの不在＝ノーバディ、という純粋な記号を、脱記号化して乗っ取ることで、「このわたし」は、外部が担っているはずの能動性を略奪するのではないか。それ以外に、「このわたし」が、能動性や、自由意志、「このわたし」性を獲得する術はないのではないか。それは、まさに、デジャヴの出現における記号化・脱記号化と同じ過程なのである。

本書は、このような目論見のもと、記号化・純粋な記号・脱記号化、を軸として、デジャヴと「このわたし」について論じた論文をまとめたものだ。いかにして、この私において、純粋な記号から脱記号化がもたらされるのか、記号の物象化以前と記号はどのように接続し理論を構成できるか、このわたしの出現は、創造性という概念といかに関係づけられるのか、そういったことの詳細が、本書では展開されることになる。

註

（1）ビオイ=カサーレス、アドルフォ『モレルの発明』清水徹訳、水声社、新装版（2008）.

（2）「ない」ことを証明ではなく、恣意的に決める私の最初の議論として、郡司ペギオ-幸夫（二〇〇二）「生成する私——超越論と経験論を担うもの」同一性をめぐって（養老孟司編）（有）養老研究所、八八—一六五頁。

（3）点を空間化、空間を点化する私の最初の実装は、全称量化子（「かつ」の根源）と存在量化子（「または」の極限）を区別し、かつ、場合によって混同するというものだった。Gunji, Y.P., Aono, M., Higashi, H.（2002）Local semantics as a lattice based on the partial-all quantifier. In: Computing Anticipatory systems（Dubois. D. ed.）, pp479-490., Springer, New-York; Gunji, Y.P., Kusunoki, Y., Aono, M. (2002) Interface of global and Local semantics in a self-navigateing system based on the concept lattice. Chaos, Solitons & Fractals. 13（2）, 261-284.

（4）日本語での、私の最初の、自己言及とフレーム問題の接続に関する言及は、郡司ペギオ幸夫（二〇〇六）『生命理論』哲学書房、東京。英語については、註（5）を参照のこと。

（5）自己言及とフレーム問題の接続の形式的実装については、Gunji, Y.P., Sasai, K., Aono, M. (2007) Return map structure and entertainment in time-state-scale re-entrant system. Physics D, 234, 124-130; Gunji, Y.P., Sasai, K., Wakisaka, S.（2008）. Abstract heterarchy: Time/State-scale re-entrant form. BioSystems 92, 182-188.

（6）郡司ペギオ幸夫（二〇一四）『いきものとなまものの哲学』青土社、東京。英語の文献では、Gunji, Y.P.（2004）Self-organized criticality in asynchronously taned elementary cellular automata. Complex Systems 23, 55-69.

第Ⅰ部　認識する〈わたし〉——デジャヴのメカニズム

第I部への序

第I部はデジャヴのメカニズムということになってはいるが、冒頭の章で述べたように、デジャヴと「このわたし」の生成は同質のものであり、両者を論ずることは分かち難く結びついている。したがってこの第一部でも、デジャヴと言いながら、すぐさま議論は、時間一般や推論、外部をいかに立ち上げる（認識する・知覚する）かという議論へと滑り出し、それを通して開設される「このわたし」に関する思考へと移行することになる。

シンギュラリティ（特異点）の章は短いが論点として重要かもしれない。ここで私は、人工知能が人間を凌駕するという予測（機械と人間の立場が転倒する特異点というわけだ）に対して、何も変わらない自分の立場を表明している。しかしそれは、世界が変わらないことを意味するものではない。世界は常に変わり続けている。

多くの人は、シンギュラリティ予測に対し、不可能であるから心配する必要はない、とするか、可能であって絶望するか、逆に賛美するか、このいずれかの立場をとるようだ。わたしは、そのいずれもが、問題の本質を捉えていないと考えている。シンギュラリティの問題は、技術的な問題それ自体ではなく、客観的に比較可能な評価基準によってすべてを操作しよう、という思想を受け容れることの問題である。古来、様々に比較不可能なものが溢れ、世界は異質性の上に成立すると思われた。それを劇的に変えたものは、貨幣であろう。異質なものを比較し値段をつけてしまう。それを決めるのは半ばブラックボックスであるマーケットだった。シンギュラリティは、マーケットを人工知能に変えようという話だ。もはやブラックボックス化している人工知能は、いつでもその任に当てられるだろう。可能とは、だからいつでも可能なのだ。

したがって絶望は、世界から異質性を排除しようとする世界の趨勢に対して向けられるはずのものだが、それは貨幣経済の進展やグローバリゼーションの進展によって日々実現されているもので、人工知能に限定してことさら絶望するものでもない。絶望する人間は、自分が世界を操作し、世界からうまく搾取してこられたという自負を持ってきた者だけだ。平凡な人間にとっては、抑圧する者が人間から人工知能に変わるだけで、新たな質の絶望があるわけではない。逆に、シンギュラリティを賛美し、明るい未来が来ると思う者は、市場が人工知能に変わっても、まだ自分はそれをメタレベルで乗り越え、世界をコントロールできると考えている者だろう。人工知能が創造性を含めて実現しようと、これを操作し使いこなす立場に立つことができれば何も問題はない。実際、客観的評価が市場に委ねられているとはいっても、市場をコントロールし常にそこから利益を得続ける者はいる。人間だけでなく、人工知能の参入で拡大する市場規模からの利益は、さらに大きなものとなるだろう。その世界（＝市場）を俯瞰しコントロールできると考える者にとって、確かに人工知能は賞賛すべきものかもしれない。しかし、本書で展開するように、人工知能の問題を契機に、我々は、徹底した個別性＝「このわたし」が担う普遍性へと至ることが可能だ。人工知能を賞賛するだけでは、その道を断つことになる。

人工知能が世界に溢れようが世界は何も変わらない。他者を認めるように、人工知能に人格や権利を認めることも、いずれ自然に実現されるだろう。ただし、そのような世界を通して、外部の（前景化・背景化を通した）このわたしへの参与が感得され、感じること、生きていることの、本人にとってのみ意味を持つということの実相が、深く理解されるだろう。

「純粋過去によって開設されるいま・純粋過去によって開設されるわたし」は、河野聡子の詩集「地上で起きた出来事はぜんぶここからみている」を読むことで啓発され生まれたものだ。テキスト中突然現れる、スーパーのレジに現れるアフリカや、ライオン、飛んでいく紙飛行機、代替エネルギーやみかんの詰まった制御棒は、詩からの引用である。この詩によって、詩の経験とはデジャヴが出現し始める経験であると気づき、デジャヴの開設をわたしの開設として構想した。かかる詩の経験とデジャヴとの交錯にリズムをつけるには、繰り返される「ところでゆりちゃんのお父さんは、大車輪ができるの？」がどうしても必要だったのである。

「デジャヴ・逆ベイズ推論」では、「このわたし」における外部との関わりを、ベイズ・逆ベイズ推論によってモデル化している。それは、外部を明示的に記号化し、外部と内部の関係を直接操作するものではない。記号化された、とりあえず想定された全体と部分の間で、部分を全体とみなし、全体を部分とみなす操作を実行する。そうして、とりあえず想定された全体の外にある、知覚不可能な外部に間接的に関わるという方法をとっている。それは、我々が通常、知覚不可能な外部に対処する方法でもあるだろう。この具体的な方法は、デジャヴのメカニズムに関する考察からもたらされた。因果関係とその転倒の反復によって、現在と結びつかない因果（という過去）、宙吊りになった過去、が、この現在と結びついた過去と共立する。それこそデジャヴというわけだ。この自然な延長にあるベイズ・逆ベイズ推論は、やはり宙吊りになった還元主義的論理を形成し、全体として非還元主義を実現する。デジャヴは、この時、〈宙吊りの人工知能＝「このわたし」〉となる。

外部に対する間接的アクセス、に至るためのアプローチを概観した論考が、「存在論的独我論から帰結される「貼りあわされた世界」」である。ここでは、まず、モノ（操作可能な内側）とコト（モノからは直接アクセスできない外部）という概念を中心に据え、既存の生命論、意識論が、外部との接続を志向しながら、最終的にモノへ回収される歴史を概観する。そこには、散逸構造、オートポイエーシスやアフォーダンス、意識のモデルとして脳科学を席巻する統合情報理論も含まれる。外部という一見暴力的な力は、通常考慮されたとしても、否定的に扱われ、隠蔽され、高々バッファーを通して制御されるだけだ。コトを前景化するアプローチは、外部性を肯定的に、より積極的に、しかし間接的に呼び込み、記号化・脱記号化を実現する。それは、モノの外部に立った観察者・理論家が、自分をシステムの外に置いて、自分の都合で様相をモノ化することとは根本的に異なる。外部の肯定的転回においてこそ、部分においては還元主義的世界観が、重複しながら貼りあわされ、非還元主義的全体を立ち上げるのである。こうして、ベイズ・逆ベイズ推論の意義、特にアレッキの主張する意味でのベイズ・逆ベイズ推論の意義が、外部性の文脈で再解釈される。

「社会の存立構造から時間の存立構造へ」では、改めて文脈の前景化・背景化が論じられ、そこにアレッキの意味でのベイズ・逆ベイズ推論を、異なる近似過程として再解釈するという議論が、接続される。まず、関係から、主体と対象の物象化を説明する真木悠介の社会学理論を取り上げ、すぐさまこの物象化を、文脈の前景化・背景化によって論じる戦略が示される。シニフィアン、シニフィエの二項関係と、これに解釈（文脈）を付与した三項関係が対比され、両者は、文脈の前景化・背景化によってダイナミックに接続する、と論じられる。その上で、事前確率と事後確率の二項関係におけるデータの背景化、前景化（三項関係化する）によって、遠ざかる過去・やってくる未来という、変化を包摂した時制が実装される。こうして、社会から時間の存立構造が示されることになる。

第6章「原生意識」では、条件づき確率と端的な確率の対称的代入によって定式化されたベイズ・逆ベイズ推論が、数学的道具立て「層」を拡張することで、どのように展開されるかを論じている。層では、局所と局所の貼りあわせに条件があり、この条件を満たす限り、貼りあわせが可能だ。それは、部分が全体の一部を成すことを予め知っていることを意味する。ここでは、この条件を弱め、局所に無理やり糊代を伸ばして貼りあわせる、そういった全体の作り方を構想している。そこで現れる弱い層概念から、ベイズ・逆ベイズ推論が、逆にもたらされるのである。

「純粋過去によって開設されるいま・純粋過去によって開設されるわたし」と「デジャヴ・逆ベイズ推論」とで述べられるデジャヴのモデルは、異なるように見える。ただし両者は、純粋過去が宙吊りになるという観点において同じであり、宙吊りになって記号化されたものがいきなり脱記号化して、浮遊するわたしとなる様相を示している。ここから、開設するわたしという議論が生じるのである。

もう三〇年もしないうちに人工知能は人間の脳を凌駕し、人類はいよいよやることがなくなるという。産業革命で単純肉体労働を奪われ、最近の計算機の発達によって、再帰的繰り返しに基礎づけられた知的労働を奪われ、量子計算機の実用化以降は、いよいよ人間の最も得意分野であった創造性を働かせる仕事さえ奪われる。そんな馬鹿な、と思っていると、創造性の一つの牙城でもあった将棋界で、プロ棋士が計算機に破れ、この未来予想図も真実味を帯びてきた。これからは、生まれたときから負け戦だ。

本当に負け戦なのだろうか。機械化、例えば洗濯機や掃除機は、主婦を肉体労働から解放し、機械にはできないことができるようになったはずだ。知的労働を機械化された程度でも、計算機の得意な単純操作の繰り返しなら、そんなものは機械にまかせておけばいい。問題はその先だというわけだが、それまでの計算が、価値一元的でそれを再帰的に繰り返すだけの、いわば縦の計算だけだったのに対し、その先にある計算は、多様な意味に感覚、情動と、比較不能で多元的価値へと転回する、いわば横の計算である、価値一元的な計算過程では、比較し、競合し、奪うということは成り立つが、価値多元的な処理過程に価値一元的計算概念を拡張してみても、そこでは、比較や奪う、などということは本質的に意味を失う。二人の人間が秋刀魚を味わう場合、そこに伴う各々の感覚の違いに善し悪しはなく、ただ各々特異的で異なるというだけだ。味に関する表現を言葉に表し比較するというなら、文学的興趣に関して比較は可能だが、それは主観的な感覚の独自性とは別な話だ。

脳内神経細胞の振舞いを計算過程に置き換えてみるとき、我々の意識は計算の結果もたらされるというイメージに辿り着く。しかし、事情はそれほど単純ではない。神経細胞は細胞集団として同期するが、それは外部刺激に対する解釈仮説のようなものだ。外部刺激が与えられると異なる集団同士は競合し、その勝者が最も大きな同期領域を獲得することになる。ここに認められるのは、ボトムアップ的な外部刺激とトップダウン的解釈との共同作業である。この描像はベイズ推論に置き換えられる。与えられたデータと事前の仮説分布によって、両者に整合的な事後の仮説分布を選び出す。この繰り返しによって、外部刺激に対する適正な判断が可能になるというわけだ。これはまさに、最適解という山頂への登攀(とうはん)ルートを、局所情報である自らの位置の傾斜角度によってのみ判断する登山者の戦略に対比されるものだ。それは通常の、単純な計算過程に過ぎない。

外部刺激が単発的ならベイズ推論は可能だが、刺激が連続的に連なり、両者の比較が必要となるなら、登るべき山体の地理は複数の峰を持つものへと変わり、通常のベイズ推論では、山体の中でも低い山頂、すなわち或る一つの局所解へと辿りつくだけだ。これをいかに克服するか。イタリアの物理学者アレッキ(Arecchi, FT)は、もし登攀過程に周囲の風景を見渡す操作を介入させるなら、それは統語論的処理過程(傾斜角でルートを選択する処理過程)に意味論を介入させ、真とも偽とも決定不能なゲーデル文のような山頂を構想してしまうだけで、解決にはならないという。彼が主張するのは、逆ベイズ推論といわれるものだ。ベイズ推論の基礎を成す公式は、事後仮説の分布とデータ分布の積が事前仮説の分布と仮説分布との積に一致するというものだ。したがってここから、事後仮説の選択も構想できれば、逆に事後仮説と仮説の一般的性格から事前仮説を選択する操作も可能となる、しかし、この公式自体に時間は本来入っていないからこそ、このような類推が可能となる。実際には時間軸が入り、事後からそれに合うように事前を構想するので、逆ベイズ推論は原理的に不可能というわけだ。そうであるにもかかわらず、脳は量子論的効果によって、この非アルゴリズム的計算を実現しているはずだ。アレッキはそう主張する。それこそが逆ベイズ推論の意味だという。

この問題に関して次のように考えることが可能だろう。まず脳内処理過程を入力データに対する近似過程だと考える。ここでは、与えられたデータに対し多様な近似レベルが存在する。或る近似表現は、データに対して必要条件を成す。つまりデータであるものは、すべてその近似表現を満たしている。逆に、ある近似表現は十分条件を成す。この、必要性↓データ↓十分性の成す確実性に関する順序は、事前仮説↓データ↓事後仮説の成す確実性に関する順序と並行関係を成し、データの十分条件、必要条件は、各々事後仮説、事前仮説に対比することができる。このとき、データに対する事後仮説は、データと事前仮説から計算可能となる（ベイズ推論に対比される）が、その逆（逆ベイズ推論に対比される）は不可能となる。事前仮説はデータよりも大きなデータを有しているので、計算できないわけだ。

いかにして事前仮説を事後仮説とデータから計算するか。私は、これを可能とするように事前仮説（近似表現）を基礎づける近似単位を変化させるとき、逆ベイズ推論は可能であると考えている。近似単位の変化は、異なる処理過程、異なる近似表現を誘導することとなる。果たしてある条件下で近似単位を変化させることは、別な近似表現ともとの近似表現の合成によって、もとの近似表現による事前仮説を計算することにほかならない。こうして逆ベイズ推論は、事後と辻褄が合うような別の近似（別な解釈）を選んだ後、事前を構成する過程となる。それはいま決定された事後から、事前を勝手に計算してみせることではない。そうして得られた事前は、いま決定された事後を帰結するものではないからだ。オルターナティブを構想し、合成すること。それによって初めて、逆ベイズ推論は実装可能となる。

逆ベイズ推論は、当初考えていた解釈・写像に対するオルターナティブを持ち込み、横へ逸脱する計算を取り込みながら、縦の計算をする点にこそ要点がある。横への逸脱、それがどのような逸脱であるかは唯一に決定できない。なんらかの理想化や条件を持ち込むことで、モデルを実装することは可能であっても、それは一元的価値観のもと、客観的に決定できた理解の仕方と異なり、一つのモデル、一つの在り方に過ぎない。連続する刺激のわたしにおける判断を、なんらかの形で実装したとしても、それは、もちろんあなたの判断とは無関係であるし、実はその実装は、このわたしのリアルな判断とも無関係だ。たかだか、わたしの判断の仕方に関する理解のメタファーが成立するだけだ。客観的でリアルなモデルという概念が意味を失い、すべてはアナロジーやメタファーとして成立するだけだ。だから、わたしの判断の特異性が、ある計算によって置き換え可能になるはずもない。単純なベイズ推論においてさえ、連続する刺激への応答という問題を持ち込むだけで、横への計算へと転回する多元的世界観を認めざるを得ない。つまり、創造性だ、多元的価値の計算だ、と言っても、それを実装する計算機は実現されるだろうが、逆に「このわたし」の意義、比較不可能なわたしの意味は、より深く理解されるはずなのだ。わたしの秋刀魚の味わいが、計算機によって味わえるようにとなったので、わたしはもう秋刀魚を食べる必要がない。そういうことは、決して起こり得ない、はずなのだ。

計算機がその進化を進め、人間の能力を上回り、人間はもはや何もすることがなくなる。この未来予測が人間を不安に陥れるのは、私の主観性、私の特異性が、計算機によって解消されるという理解を与えるからだ。比較可能で置き換え可能であるからこそ、競合が起こり、勝敗が決定される。つまりこのような議論は、一元論的価値観に固執しない限り、成立しない。わたしの、この意識の特異性が置き換え可能で、マインドアップロードが可能となり、我々の意識は計算機の中で永遠に生き続ける。そのような議論は、一元論的価値観のもとでのみ成立する幻想に過ぎない。我々は計算機の中で永遠に生き続けることなど決してできないが、それは「このわたし」が決してある計算過程によって置き換えられないことを意味している。

もちろん、わたしとあなたが異なるように、わたしと異なる計算機的実装は可能であり、そういった人工知能がロボットとして社会に入り込み、機械的知性が人間の社会を侵犯し干渉することはいくらでもあるだろう。しかし元々外部のものを摂取してしか生きられない生命にとって、窺い知れない外部や他者の侵犯・干渉は不可避で、日常的なものであって、どうというものでもない。逆にそのような社会が加速されることで、横への逸脱や多元的価値、いやむしろ多元的世界観の本来の意味が理解されることになる。それはまったく悲観するような未来ではないはずだ。皮相な日常的変化はあっても、何も変わらない。我々は、微動だにしないだろう。

デジャヴに対する脳科学や認知科学の説明は、ミスマッチとしての説明である。既知と未知とは明確に区別できる。親近感の有無も主観的に区別できる。既知は何度か経験しているという意味での親近感を有し、未知は経験の欠如という意味で親近感を欠く。これが正しいマッチングとされる。未知であるのに親近感を感じ、懐かしさを感じる。このミスマッチがデジャヴというわけだ。ミスマッチにはもう一つ可能な組み合わせがある。既知であるのに親近感を欠く経験、すなわち、知っているものを初めて見ると感じる経験だ。これはジャメヴと呼ばれ、目立たないが、確かに経験される。

時間的経験だけではない。人間や事物に対するミスマッチに、カプグラ症候群とフレゴリー錯覚がある。既知の経験や人物に対して親近感を欠く経験がカプグラ症候群だ。毎日見ている家族を、形態や行動は家族だが、何かが違うと感じる。そうだ。これは中身を宇宙人に乗っ取られているのだ。こういう感覚がカプグラ症候群だ。逆に知らない人をよく知っている友人と感じる経験が、フレゴリー錯覚である。この関係はデジャヴとジャメヴに同じものだ。

身体に関するミスマッチも見出せる。あなたの目の前の、机の上に、作り物であるゴム製の手がある。本物のあなたの手は机の下に隠されている。ゴムの手と本物の手の同じ位置にある部位を、同時に筆でこすってやる。この時あなたは、あなたの手ではない未知の身体＝対象に、あなたの手を感じる。ゴム手に対するデジャヴだ。逆に自分の手を通常見ない位置関係において見てやると、自分の手であるのに自分の手と感じなくなる。自分の手に対するジャメヴである。これらは、身体としての既知・未知に対する、親近感の有無のミスマッチと説明されるだろう。

ミスマッチという説明は、端的に間違っている。既知と未知は否定で結ばれた対立項ではない。既知でない時、未知であり、未知でない時、既知であるわけではない。未知と既知は常に区別されながら、表裏一体となって共立する。共立という意味で、全ての知覚や認知は、原理的にデジャヴであり、ジャメブである。あなたはまだ、コーヒーを飲んだことがないと想像せよ。コーヒーはあなたにとって未知である。しかし目の前に置かれたコーヒーが、カップに供され、飲み物であることはわかっている。飲み物であることは既知だ。コーヒーとして未知、飲み物として既知。未知と既知が共立する。いや、コーヒーと飲み物は、分類の水準が異なる、レベルの異なる事物だ。既知と未知の水準は比較できないのではないか。そうではない。むしろ、分類の水準や階層、そういったものこそ想像上の抽象である。後から説明する方便として論理的階層を想定しているだけだ。我々の知覚や認知の現場において、あるのは、既知と未知の共立だけで、階層などない。我々は知っていながら、知らない。既知がやや潜在するとき、新しいと感じる。未知がやや潜在するとき、わかっていると感じる。両者がともに外在化し拮抗することで、デジャヴやジャメヴが現れる。それは程度問題であって、マッチ・ミスマッチという明確な区別を有するものではない。

デジャヴが起こり始めるとき、わたしの場合、決まって同じ風景が現れる。わたしは、青々と稲穂も実った水田のこちら側にいる。水田の向こう側には小山が広がり、小山と水田の際に沿って、道が伸びている。こちら側から、その道を走る肌色の車が見える。豆粒のような車は、走っているのか止まっているのかわからないほど、のろのろと進んでいる。突然、わたしは、その車の中にいる。左側に水田が広がり、右側には繁茂した木々が揺れている。その風景を見ながら、あれ、知っているぞ、と感じる。車は右にカーブする。そうそう、ここで右に曲がるのを知っていたぞ。今度は左に曲がり、道は鉤の手のようだ。そうそう、ここが鉤の手のようだったことを知っていたぞ。カーブになって見通せない山の陰からオートバイが現れる。そうそう、オートバイが現れることは知っていたぞ。

そうなって初めて、知っていたと感じる何かが、奔流（ほんりゅう）のように押し寄せ、止まらない。坂道を降りる足が、止まらなくなり、自動人形のように足が交互に伸ばされる。イメージが次々と強制的にわたしを侵犯していく。しかもそれはいつも同じ風景だ。同じ風景を思い出すのだから、カーブを曲がる前にオートバイが現れることを予見しても、良さそうなものだ。しかし、そうはならない。まるで封印されているかのように、オートバイが現れて初めて、「そうそう、オートバイが現れることを知っていたぞ」と感じるのだ。

イメージの奔流はいつのまにか消えていく。幻覚ではない。どこに見えているかわからない。しかしこの騒動が一段落し、目の前の風景に立ち返るとき、デジャヴ感が現れるのである。

スーパーのレジに現れるアフリカや、ライオン、飛んでいく紙飛行機に、謎の、ほうれんそう、レジにたった瞬間に現れる止まらない風景、向こうから勝手にやってくる彼らは、デジャヴの予兆の儀式、または、知覚経験がデジャヴであることの証である。

今ここにあるレジは、この儀式によって、いま・ここを開設する。無関係な断片は貼りあせる糊代=糊を分泌し、糊代に浸潤して、いま・ここを、開いていく。

ところでゆりちゃんのお父さんは、大車輪ができるの?

いま・ここは、「代替エネルギー」のように現れる。わたしが直面し、佇んでいるこの現場に、未知が押し寄せ、解釈しようとする。みんなバラバラな、無関係なものでありながら、勝手にやってきて、各々が、互いを貼りあわせる糊代のようであり糊自体でもあるような何かを浸潤させる。いや浸潤させられる。糊代=糊は貼りあわせられるものを選ぶ。糊代=糊が現れ、糊が決まってくると、それに合ったイメージが紡ぎ出され、貼りあわせを加速する。材木には木工用ボンド、岩絵具には膠のように、糊が決まれば貼られる素材も決まってくる道理だ。

未知からやってくるイメージは、**アフリ**カや、ライオン、飛んでいく紙飛行機に、謎の、ほう**れん**そうだった。それが、シャープペンシルやドアノブ、ピアノや拍手、になってくると、各々の間に「代替エネルギー」という糊=糊代が現れる。シャープペンシルのノックは電気に変換できるぞ、ドアノブを握る圧力もそうだ。ドアノブの回転をさらにきつくしておけば、握る力はさらに強くなり、より効率的に電気的エネルギーを作り出せる。拍手はどうだ。強く、もっと強く、もっと速く叩くことで、代替エネルギーとなる。「代**替エ**ネルギー」という概念がやってくるや否や、未知の断片はたちどころに貼りあわされていく。「代替エネルギー」は、元来、やってきたイメージの共通項などというものではない。共通なるものなどない。ただしそれをないと決定するわたしもまた確たる存在でないことによって、ないという証明を棚上げにする。我々は無根拠に、「共通」というだけだ。果たして、代替エネルギーによって、シャープペンシルやドアノブ、ピアノや拍手は貼りあわされ、代替エネルギーという共通なる全体を開設する。バラバラのイメージは、「代替エネルギー」を作り出す。

青々とした水田や、肌色の車、右にカーブする小道に、オートバイ、これらもまた、未知の断片だ。互いに独立な、これら断片の間を埋め、なんらかの形で共通なる全体を作りだそうと、既知が、ひたひたと忍び寄る。まるで満ち潮のように、やってきて、未知の間を埋め、未知の共通項を立ち上げる。それは過去に沈殿していた意味である。バラバラのイメージという未知の間を埋める糊＝糊代とは、忍び寄る既知であった。アフリカや、ライオン、飛んでいく紙飛行機に、謎の、ほうれんそうから始まり、シャープペンシルやドアノブ、ピアノや拍手、に至った時、「代替エネルギー」がやってきた。代替エネルギーという具体的既知、代替エネルギーという具体的過去が、糊＝糊代（既知一般）の浸潤に伴い、その意味を露わにしていったのだ。

青々とした水田や、肌色の車、右にカーブする小道に、オートバイ、これらの場合はどうだったのか。具体的な過去は現れ損なった。ひたひたとやってくる過去は、様々に変容し、様々な具体的既知が、一瞬に試された。しかし適合する既知はどこにもなかった。こうして現れた既知の不在とは、具体的意味を一切有しない、すなわち経験としての具体的意味を持たない既知、純粋な記号としての既知である（ベルクソンはこれを純粋過去と呼ぶわけだ）。これこそが、未知に意味を与え、バラバラなものを繋ぎ止め、極限的意味を立ち上げることになる。極限的意味、それはもはや「既知」というだけの感覚だ。それは、無根拠な懐かしさ、として知覚されることになる。知らないものであるにもかかわらず、ただひたすら懐かしい。これこそが、デジャヴだと考えられる。

わたしの、この身体という感覚もまた、押し寄せるバラバラのイメージを繋ぎ止める全体として開設される。視覚や触覚、様々な外部刺激の感覚は、押し寄せるバラバラのイメージだ。同時に擦られるゴム手の中指とわたしの中指の視覚、触覚刺激は、バラバラのイメージの奔流としてわたしに押し寄せる。これら未知のイメージを繋ぎ止めようと、既知がやってくる。こうして貼りあわされた全体＝既知こそが、わたしの身体性である。果たして、ゴムの手は、わたしの、わたしに帰属する手と知覚されることになる。わたしの身体が、開設される。

ところでゆりちゃんのお父さんは、大車輪ができるの？

互いに関係のない、独立な未知の奔流と、静かに押し寄せる既知の潮。互いに区別される既知と未知とが、同時に表裏一体となることで、いま・ここが開設される。表裏一体となる時、一方が他方を侵犯し、逆に脱侵犯化される。それはデジャヴにおいて、明確に現れた。未知の奔流が、現場を侵犯しようと押し寄せる。ひたひたと押し寄せる既知は、未知の間の領域を侵犯する。同時に未知は、既知を侵犯して最適な具体的既知を見つけようとする。しかし全てを見渡し侵犯し切った果てに出現した既知の不在が、純粋な記号として脱侵犯化を果たし、未知を侵犯しきってしまう。こうして、徹底した未知が、純粋な既知によって覆い尽くされ、果てしない懐かしさだけが広がっていく。

純粋な記号は、自己という純粋な記号として、我々一人一人に常に立ち現れる。諸々の諸行為の断片によって突き動かされる自動機械。自然の中でおのずから、自然界の法則に従って形成されるわたし。この徹底した受動的世界における、世界を能動的に実現するものの不在こそが、純粋な記号としての能動を立ち上げる。未知が既知を侵犯化せんと企て、脱侵犯化された「既知」によって侵犯されたように、受動が能動のよって立つ場所を消去しようと、受動が能動を侵犯化せんとした企て（＝どこかにいる、わたしを動かしているはずの能動主体としての他者を発見する企て）は、脱侵犯化された「能動」によって、自己＝「このわたし」を開設するのである。

おびただしい、バラバラの未知が、シャープペンシルが、うちわが、拍手が、チーズが、ハムスターが、代替エネルギーの下に蠢（うごめ）く全体は、こうしてこれを実現する能動主体の脱侵犯化によって、逆説的に自己＝わたしを立ち上げる。代替エネルギーによって、盛り上がっていく世界を鳥瞰するわたしが、その鳥瞰図式の具体性とはほど遠いところに生成＝存在することになる。それが、ロケットの中で制御棒に詰まった**みかん**を取り出し、放出され流れていくみ**かん**色でみかんの香りを漂わせみかんの形をしたみかんに集中するわたしなのである。

ところでゆりちゃんのお父さんは、大車輪ができるの？

未来（未知）が唐突にやってきて、過去（既知）とのせめぎ合いによって現在（いま・ここ）を開設する。せめぎ合いの侵犯化は、脱侵犯化された能動を経由して、おのずから受動的に出現したわたしに、自ら能動的働きかけを実現する。最後に現れるのは、過去だ。ひたひたと押し寄せる既知にして、解釈せんと未知を待ち構える者共。いま・ここであったはずの経験が沈殿する場所にいる者どもは、こうして現場に押し寄せる未知、現になされている未知と既知のせめぎ合い、**地上で起きた出来**

事をここから全部見ているである。

いま・ここは、未知の中に、既知なるものの何かを正しく継承する訳ではない。それは、多かれ少なかれ、既知の脱侵犯化による未知の侵犯化なのである。一貫したものなど何もない。ただし何もないと証明できないがゆえに、一貫性の不在を声高に叫ぶ必要もない。こうして時間は紡がれていく。わたしが持続するということも同じことだ。一貫したわたしなどない。受動的なわたしとそれを動かしているはずの能動的自然＝他者がせめぎ合い、能動性の不在が純粋な能動性の記号となって受動的なわたしに侵犯され、「わたし」を開設する。わたし＝「わたし」の持続は、不断の不連続でしか在りえない。

不断の不連続として存在するわたしは、他者や次世代に継承される具体的内容を持たない。不断の不連続として、共有され、持続され、継承される。その中においてしか、生きるということはないのである。

第3章　知覚と記憶の接続・脱接続——デジャヴ・逆ベイズ推論

1　はじめに

ベルクソンの『物質と記憶』（Bergson, 1896/2014; ベルクソン、一八九六／二〇一一）は、記憶が実在するという点、知覚が脳の中ではなく対象において成立しているという点など、一見すると、現代の脳科学や認知科学と無縁なものに思える。しかし対象において知覚が成立するという表現は、世界内部から観測する一人称的視点で構想された知覚論と考えるとき、むしろ自然なもので、それは近年の脳科学的、認知科学的知見（Tononi, 2004; Koch, 2012; Massimini and Tononi, 2013; Dehaene, 2014）や、人工知能のモデル（前野、二〇一〇）にも近しいものと考えられる。

ただし最近の脳科学、認知科学において、避けられてきた困難な概念が、ベルクソンには先取りされている。それは、記憶と知覚の圧倒的な質的差異であり、にもかかわらず両者が接続することで成立する、知覚や再認の機制である。知覚と記憶の質的差異には、唯名論と概念論の対立図式が二重写しにされ、かつ、唯名論と概念論の対立・循環を成立させる特定の枠組みが発見された後、そのような枠組みに斜交する類似性の多様性が持ち込まれる（Bergson, 1896/2014）。こうしてベルクソンにおいては、二重の対（唯名論・概念論の対が構成する軸と、一様・多様の対が構成する軸）の接合という構造が発見され、それこそが、記憶と知覚に対する、接合のモデルであると示される。
本章では、第一にベルクソンの知覚論が、ギブソン（Gibson, 1979）や近年の受動意識仮説（前野、2010）に繋がる議論であることを論じ、第二に、二重の対の接続として構想される記憶と知覚の関係を明らかにし、これを用いて、ベルクソンも言及するデジャヴ現象に新しい視座を与える。デジャヴは一つの例に過ぎない。ここに認められる純粋想起と純粋知覚の接続によってこそ、順序をなしながら、持続という連続体を構想する彼の時間論を解読できる。第三に、この記憶と知覚の関係を、ベイズ推論に実装するとき、新たに逆ベイズ推論と呼ばれるべき概念が必要となり、ベイズ推論を純粋想起、逆ベイズ推論を純粋知覚に対比することで、両者の接続により、ベルクソンの意味での知覚・再認が構想できることを示す。

2　ベルクソン・ギブソン・受動意識

ベルクソンは『物質と記憶』において、知覚現象を、知覚を成立させるための情報伝播の渦として構想する。したがってそれは、意識を介在しない脊髄反射と程度の差異しかもたず、情報伝播の途上、表象を作り出さないと述べる――

私の身体とは、他の事物を動かすべく存在する事物であり、その意味で行為の中心であって表象

を生み出すものではない。(Bergson, 1896/2014, P3L10)

これに整合的に、脳のやっていることは情報の授受に関する選択、情報伝播の先伸ばしや停留であり、それは電話局のようなものだと述べている――

脳は、電話回線の中心交換局程度のものに過ぎない。そこでは通話を許可したり、通話を遅らせたりするだけで、受け取ったものに何も付け加えない。(ibid, P9L16)

このような情報伝播の回路の渦や淀みや、時間を折り畳み、多様な瞬間が襞をつくることになる――

しかしながら、如何なる知覚にあってもそこには持続があり、結果的に多様な瞬間を引き伸ばす記憶を駈持することになる。(ibid, P11L38)

こうしてベルクソンは、情報伝播回路としての脳、対象にまで延長され、拡張された脳を考えることになる。すなわち、ベルクソンの拡張された脳は、身体、対象を取り込む外部世界にまで延長され、知覚を実現する回路は世界を覆う(決して世界全体を覆い尽くすわけではない)。したがって、世界の中で、現にいま、目の前の光源Pを見るとき、脳内ではなく、Pにおいて知覚が成立する、と彼は言う――

例えば、網膜上の異なる点、a、b、cへと放射上に広がり作用する光源Pを考えてみる。科学は、この点Pにおいてこそ、特定の振幅と持続を有する振動を位置づける。このまさに同じ点Pにおいて、意識は光を知覚するのである。(ibid, P16L18)

対象の表象が脳内で形成され、知覚が成立するのではなく、対象において知覚が成立する。その理由は、対象がその周囲と分離できず、その周囲と共に知覚されるからに他ならない。こうしてベルクソンはギブソン(Gibson, 1979)に漸近する。いま、目の前にあるロウソクは、部屋の明かりを浴び、私の足元に接続する床の延長に位置するロウソクである。それは、私の足元から伸びる床の線、光線、部屋の中の調度品の位置が作り出す陰影の全体の中での、ロウソクである。したがってそれは、この位置で見つめる私を含めた全体と切り離せないロウソクなのであり、その限りで、このロウソクが現にあるこのロウソクとして知覚されるのは、そのロウソクの位置においてしかない。だから、世界と分離不可能な対象であるがゆえに、世界における対象の位置で、対象の知覚が成立する(図3-1)。

前述のように、ベルクソンにおいて、知覚を成立させるものは、情報伝播の渦である。そこに認められる情報の停留や先延ばしは、現代の神経細胞の言葉を用いるなら、領域ごとに発火のタイミングが異なることを意味する。意図的な意識は、むしろ遅れて発火し、他の領域が発火し反応した結果の総合後に、発火する。ベルクソンの議論は、意識の事後判断を明確に述べるものではないが、前野やコッホ、ドゥアンヌらが認める、受動的意識(Koch, 2012; Massimini and Tononi, 2014; Dehaene, 2014; 前野、二〇一〇)の議論を示唆するものである。

リベットの実験以降(リベット、二〇〇五)、意識に上らない多様な脳領域が、意図的意識の発動以前から並列分散的情報処理を実現していることには、議論の余地がない。脳科学者のコッホやトノーニは、これら意識以前の脳活動をゾンビの活動といい、人工知能研究者の前野は、頭の中で勝手に働く小人の活動という。これらは、いわば脳の中でのボトムアップな活動である。外界からなんらかの刺激が入力されたとする。ゾンビ（神経細胞）の集団は、外部刺激に対して、同時に発火する同期現象を実現することでひとまとまりとなり、領域化する。すなわち、各領域は、外部刺激に対する特定の解釈を成す。こうして領域を単位とする脳内部の選択が、最大同期領域の選択によって実現される。選択された領域からもたらされる信号は、脳の各領域に同時に伝達され、意識に上り、他人に伝達可能な情報として意識化される。これがバース（Baars, 1989）やドゥアンヌ（Dehaene and Naccache, 2001）によって提唱された、グローバルワークスペース理論の根幹である。

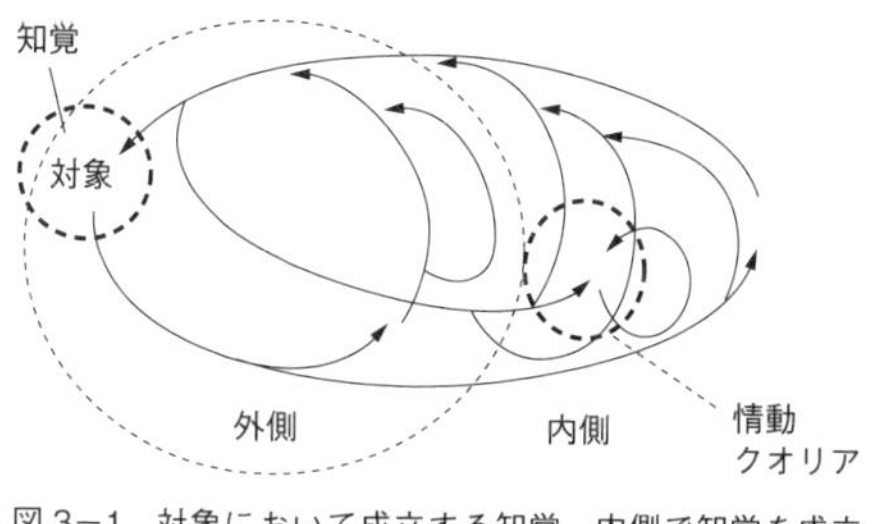

図3−1　対象において成立する知覚。内側で知覚を成立させる情動やクオリア。

　最大同期領域として選択された、外部刺激に対する或る解釈は、様々な情報が同期によってまとめ上げられた領域に対応する。ゾンビが勝手に情報処理し、ボトムアップ的に選択が進行する。選択結果が意識に上るのはその後だ。したがって、どうして首尾よく特定の選択——特定の組み合わせとして実現される選択——がなされ、そういった選択の実現として、（意識的）知覚が成立するのか、という問題は無効にされる。前野は、ボトムアップ的神経細胞の情報処理を、勝手に合流していく河川に喩え、意識はそれを河口で眺めている、と述べる（前野、二〇一〇）。だから、意識は、意思決定に関して受動的であり、特定の情報群を結びつけることはしない、という。まさに意識がトップダウン的に、選択に寄与しないがゆえに、結びつけ問題は、無効にされ解決される。

ベルクソンもまた、知覚における結びつけ問題を考察し、知覚が脳内で成立し、脳内表象を作り出した後、外部に投影するというのなら、結びつけ問題が発生すると述べる——

第二の説によれば、我々の異なる感覚データは、我々の内側において知覚されるのではなく、当該の事物において知覚される、「事物に固有な異なる質」なのである。したがって事物において（質の束として）知覚は成立するのであるから、異なる質が結びつくということは驚くに値しない（すなわち結びつけ問題は成立しない）。（P21L30）

目の前のロウソクが、そのロウソクの位置とどのように結びつけられるのか。現に、ロウソクはそこにあり、その位置でロウソクの知覚が成立している以上、位置と対象の結びつけはすでに終わっているというわけだ。

しかし、結びつけ問題を、事前の無意識、事後の意識という区別で解決する前野とベルクソンは、真に同じ描像を得ているのだろうか。前野もまた、知覚が対象において成立すると述べるが、その意味はギブソンの理解とは異なるものだ。指先で滑らかなテーブルをなでてみる。わたしは、指先において、「ツルツルした感じ」を得ることができる。しかし指先には触覚センサーがあるだけで、「ツルツル感」が指先で計算（情報処理）されることは決してない。前野は、意識が事後において、「ツルツル感」は指先にあったのだ、とでっちあげたのだ、と唱える。テレビのスピーカーから流れる役者の声は、あたかもモニター画面の役者の口から流れるように、意識がでっち上げる。事後的な解釈によって、対象における知覚が作られる、というわけだ。ところが、これこそ、ベルクソンが批判した表象主義ではなかったのか――

延長を持たないイメージが意識内に形成され、その後対象の位置Pに投影されるわけではない。（P17L13）

ベルクソンの唱える知覚の成立する現実空間は、視覚のみならず、触覚、聴覚、嗅覚をも伴う、仮想空間の極限のような空間だ。頭上にパノラマカメラを設置し、それを没入型ヘッドマウントディスプレイで見ながら歩く状況を想像してみよう。カメラの焦点が合う位置によって、絶えず自分から等距離の、或る位置で知覚を成立させながら、私は歩く。それは、目の数センチ先で実現される画像という表象を、絶えず数メートル先の地点に投影しながら歩くことを意味するのだろうか。そうではない。ディスプレイ上の仮想空間が、現実の空間と同型であることをもって直接、仮想空間を利用しているだけだ。仮想空間上の特定の位置で成立する知覚は、投影されることなく、常に現実空間の特定の位置における知覚に一致する。図3－2のように、目の前三〇センチに位置するカブトムシは、目の前一センチほどのＨＭＤ内で知覚されるのではなく、目の前三〇センチにおいて知覚される。しかし一方、ベルクソンはこのような意味で、仮想空間ではなく、現実空間にのみ知覚が実在する、と言っているわけでもない。

ベルクソンは、延長を持たない純粋な観念としての表象を批判したのだ。脳内に限定することを批判するわけではない。観念としての表象が、外界の或る位置に投影され、知覚が成立するなら、記憶もまたすべて表象とみなされる。外界から与えられる或る刺激――例えば、特定の位置におけるロウ

図3−2　目の前 30 センチにかざされた手とカブトムシは、頭に取り付けられたカメラを通してヘッドマウントディスプレー（HMD）内で結像する、しかし、HMD 内で知覚を成立させるのではなく、自分の目の前 30 センチにおいて知覚を成立させる。だから私は、手とカブトムシが、目の前 30 センチにあると思う。

ソク——は、世界の一部という断片であることで、観念と比較可能な概念だ。このとき知覚は、現実の断片という観念と、表象という観念の照合だけに限定される。そこには現在という持続も時間もない。ベルクソンにおける批判の矛先は、持続や時間を解体する観念の照合にこそある。

　コッホ、トノーニやドゥアンヌ、前野は、事前の無意識、事後の意識を明確に分離する。この限りで、無意識（脳内のゾンビ、小人）は並列的分業に基礎づけられた選択を、事前に実現する。意識はその事実を事後に解釈し、以後の事前に供されるプランニングを行う、ドゥアンヌは、プライミングという技術によって無意識を実験的に制御する（Dehaene, 2014）。数百ミリオーダー以下の時間間隙で画像が呈示されるとき、我々は画像の変化が速過ぎて、その画像を見ることができない、と感じる。しかし無意識に、その画像を見ている。このように無意識にのみ植えつけられる画像をプライミング画像と呼ぶ。事前のプライミング画像は、事後の意識的に知覚される画像の意味を、無意識のうちに制御する。被験者には、次のような視覚刺激が与えられる。プライミング画像としてボタンを「押せ」という文字を与え、直後の意識画像に特定のシグナル、例えば「A」を、プライミング画像に「押すな」を与え、その直後に別のシグナル例えば「B」を与える。被験者はここで、無意識に「押せ」と命じられた正しいシグナル「A」に対してボタンを押せば報酬がもらえる。このタスクを繰り返す被験者は、本人が自覚的にはわからないにもかかわらず、「押せ」に対応するシグナルを押し、報酬がもらえるように適応することができるのだ。プライミング画像の呈示と意識画像の呈示をこの順で反復するとき、逆に、意識画像の選択がプライミング画像の選択に影響を与えるという実験結果も報告されている。ここに認められるのは、まさに、事前の無意識による選択と事後の意識的解釈・プランニングである。

前野（二〇一〇）が示す、意識と無意識の分離に関する刺激的な言い回しをここでも見ておこう。「指先において」感じるツルツルした感じ、を「わたしにおいて」感じる主観的感覚（クオリア）、と置き換えてみせる。こうして「わたし」とは、「わたしにおいて」というクオリアをでっちあげるタグと理解されることになる。わたしは、無意識に先導される空虚な受動体である。これが意識の受動仮説と呼ばれるものだ。

ベルクソンにあって、「指先において」を「わたしにおいて」へ置き換える作業は、むしろより自然である。身体の外部で知覚が成立するように、或る場合には、身体の内部で知覚が成立する。それこそが、わたしにおいて成立するクオリアだ。もちろん、複数の知覚は同時に成立するだろう。目の前の赤いリンゴを見て、うまそうな赤だと感じるとき、リンゴの知覚は、目の前一メートルにあるリンゴにあって成立し、「うまそうな赤」というわたしにおける感興は、わたしの内部で成立する（図3－1）。

ベルクソンは意識を、全反射のような虚像なのだと言い切る。わたしや意識は幻想であり、痛みなどの情動は、情報伝播を正常にもどそうとする局所的努力であるという。

光が全反射するとき、光点の仮想的イメージ（虚像）が作られるが、それは光線がそれ以上進めないことのしるしなのである。知覚とはこれと同種の現象なのである（ibid, P13L38）。
ここに認められるのは、全面的に展開されながら局所として成立するもの、空虚な虚像でありながら実在するもの、という矛盾めいた存在だ。前野は事前と事後のクリアーカットによってクオリアを無意味なものと斥けるが、ベルクソンは明示的に論じないものの、無意識と意識の間に横たわる襞として、クオリアを構想する態度を示唆する。まさにベルクソンの唱える現在という持続が、多様な時間面の錯綜する襞として存立するのであるから。

3 デジャヴ・純粋想起と純粋知覚

いま・ここに直面される外部刺激と、記憶イメージとを照合すること。これが再認であろうか。ベルクソンは、両者の関係を明らかにするため、デジャヴ（既視感）を取り上げてみせる――

かつて見たような感覚を説明するには、通常二つの方法が考えられる。（ibid, P47L27）

デジャヴは、現在の風景と過去の記憶イメージを照合し、完全な照合の得られないところで生じる感覚なのかと問い、すぐさま、問題を明らかにするためのモデルシステム――見知らぬ街の散策――を論じていく。

第一に、未知の街に着いて間もない時期の散策を考える。まだどの街角を曲がっても、見知らぬ風景、見知らぬ家屋が出現し、人はその現在の知覚を、初めてみる風景、家屋として知覚する。現実にはこの段階ですら、過去の記憶イメージが浸出し、純粋な現在のみの風景ということは有り得ない。しかしいま、そのような記憶イメージによる干渉を除外し、理想化する。この、理想化された知覚が、純粋知覚である。経験される知覚は、すべて直接取り込まれ、第二の状況における想起システム構築の材料に供される。実際ベルクソンは次のように述べている――

第一に極端な事例をあげるなら、瞬間的再認をあげることができる。それは身体それ自体が閉じた形で遂行する再認であり、明示的な想起の助けを借りない再認である。(ibid, P49L23)

第二に、その街に入って十分な時間が経過し、人が街の地理を、十分熟知している場合について考える。或る角を曲がるとき、どのような風景が現れ、どこに通じていくか、彼はよく知っている。彼はもはや、風景の一部を見ることで、街全体のどこに位置するかが瞬時にわかる。逆に、街全体を或る印象で捉えようとするとき、どの局所的風景によってその印象を代表できるか、瞬時にわかる。この古い伝統ある街の気分を味わいたいなら、あの寺にいけばいい、というように。すなわち、十分熟知し、過去を想起するとは、全体から部分を知り、部分から全体を知る、この相互依存システムが完成していることを意味する。部分、全体の相互参入こそ、過去の記憶を想起することの核心だ。完全な記憶イメージに関する部分、全体の相互参入が、ベルクソンのいう習慣的記憶であり、部分・全体の相互参入によって極限として想定される未限定の全体こそ、無意識的な純粋記憶である。いま与えられる現在の知覚は、すべてこの相互参入システム（純粋想起と呼ぶ）において解釈される。

第三に、第一、第二の状況を端成分とし、その街に或る程度慣れ、しかしまだ、自動運動するように歩くことはできない程度の状況を想定できる。この場合、目の前の知覚は、部分と全体の相互参入システムによって解釈され、過去を想起することで完全に理解されることもあれば、いまだ経験されていない風景として、或る部分・全体関係を担うものとみなされ、相互参入システムの新たな素材となることもあるだろう。いや、純粋知覚として処理されるか、純粋記憶として処理されるか、二者択一であろうはずがない。二つの処理は絶えず混在し、その比率において異なるというのが処理の実相だろう。

つまり、このいまの知覚は、なまの、純粋知覚ではなく、それ自体、記憶イメージに浸潤、拡張され、変質した知覚である。同様に、想起は、記憶イメージにおける、不備のない部分・全体の相互参入システムを利用して、特定の記憶イメージを呼び起こすものではなく、相互参入システム自体を微調整しながら解釈する、そういった過程と考えられる。二つの様相、純粋知覚と純粋想起は、不可分に相互浸透しながらも、その比率においていずれかに判定される。第三の状況でありながら、既知と感じるとき、未知と感じるときの区別が可能となる。既知と感じるとき、知覚より記憶が卓越し、未知と感じるとき、記憶より知覚が卓越するということになる。

街の散策モデルによって、ベルクソンは二つのことを論じている。第一に、我々の知覚＝想起は、純粋知覚と純粋想起を端成分としながらも、両者の属性を有するということ。第二に、二つの成分は質的に異なり、互いに対比し照合することは不可能であるということだ。地理に関する純粋想起は、部分・全体の相互参入システムとして構想される。この、部分・全体の相互参入という運動は、記憶にとって普遍的な運動と考えられる。この・いまに特化した現在は、極めて限定されたものだ。そして、この現在が過去へと変化するとは、限定・特殊化を解かれ、より一般化することに他ならない。したがって、現在、過去は、包含関係による順序関係を有する。もし現在が過去へ、そして過去は絶えずより過去へと変化するなら、包含関係は無限の順序を意味しそうだ。しかし、現在を限定する分解能は高々有限であるだろう。その限りで、限定を解き他と区別のできない普遍的条件・普遍的過去は、実在し意味を限定できない世界全体といえる。それが純粋記憶だ。

以上に鑑みた上で、ベルクソン自身はこれ以上言及しない、デジャヴに立ち返ってみよう。第一に、ベルクソンの論考は、目の前に展開される景色の知覚と、これを知覚たらしめる想起＝記憶イメージとを用意し、両者の比率において、異なる知覚のリアリティーが成立する可能性を示している。この限りで、ベルクソンのデジャヴ観は、現代のデジャヴ観に近いものに思える。すなわち、対象・風景の知覚に対し、記憶イメージを、知覚に伴う親密感と解釈し、知覚に関する新規性と親密感のミスマッチとして、デジャヴを解釈するのである。風景が新規であるにもかかわらず、親密感を伴う現象が、デジャヴであるというわけだ。しかしこのようなミスマッチによる説明こそ、二つの観念の照合に基礎づけられたベルクソンが批判する理解である。

ベルクソンは、むしろ、知覚と想起の質的差異において、デジャヴを解読するだろう。まず、私のデジャヴ体験を述べよう。以前、私は、年配の女性の一メートルほど後ろを歩き、その女性が引いていたカートをぼんやりと眺めていた。カートの車輪は濡れていて、その水の轍が歩道に引かれているのをずっと眺めていた――つもりだった。というのは、突然カートの車輪が、轍（わだち）から数センチ横にずれたからだ。すなわち、その水跡は、その女性のカートによってつけられたものではなく、ずっと以前につけられたものだった。女性のカートは、うまくその轍の上を走っていただけで、或るとき、そこから脱線したに過ぎない。このとき、私は激しい既視感(デジャヴ)に襲われた。

ベルクソンなら、次のように説明するだろう。あなたは、水に濡れているだろう車輪が回転することで、水跡が絶えず付けられていると信じていた。そこにあるのは、水に濡れた車輪上の或る一点が、車輪の頂点に達し、徐々に下がっていき、歩道面に当たったところで、水跡をつけ、以後水跡が車輪から続いていく、という想起=記憶イメージだ。それは、「水のついた車輪」ならば、「轍がつけられる」という含意の反復を意味する。したがって、それは、より限定された原因と、限定を解かれた結果という意味で部分・全体の包含関係をなし、同時に、含意関係が反復することで、以前の全体(結果)が以後の部分(原因)へと置き換えられる運動をも意味する。なぜなら、以前において車輪が濡れていることは仮定に過ぎず、水跡がつけられたことで初めて、車輪が濡れていたことは確信されるからだ。この意味で轍は、車輪が濡れていることを推論する原因となっている。ここに認められる記憶イメージは、だから、部分・全体の相互参入運動なのである。

原因・結果の包含関係を線分の長さで表すとき、原因(cause)のAA′は結果(effect)のBB′より小さくかかれ、包含関係は図3－3左のような三角形で表示されるだろう。結果が原因を含意するように結果は原因に置き換えられ、三角形は収縮し、原因が結果を含意するように、三角形は弛緩する。図3－3左の上向きの矢印、下向きの矢印が各々、収縮と弛緩を表している。この反復によって作られた現在が、図3－3では三角形頂点の黒丸で表されている。先のデジャヴの例では、原因が「濡れた車輪」、結果が「路面に引かれた轍」に相当する。収縮と弛緩が、この運動の反復を表すことになる。

デジャヴは、反復と現在の知覚の接続が恣意的であることを明らかにしてくれる、最も優れた現象だといえるだろう。図3－3右に示す括弧でくくられた二つの三角形が、年配の女性のカートを見ていた私が経験した、デジャヴの状況を表している。「濡れた車輪」AA'と「路面に引かれた轍」BB'が構成していた部分（原因）全体（結果）関係は、轍とカートがずれたことによって、その反復が作り出してきたはずの現在を失ってしまう。こうしてAA'とBB'の過去に接続するはずの現在は不在となる。図3－3において現在の不在は三角形頂点の白丸で表されている。では、現在はどこに接続したのか。水跡でつけられた轍は、瞬時にして、年配の女性のカートではなく、ずっと以前につけられたものだと判明した。つまりわたしが直面している現在は、「乾いた車輪」が「ずっと以前につけられた轍の上を走る」ことを過去として反復しているのだ。

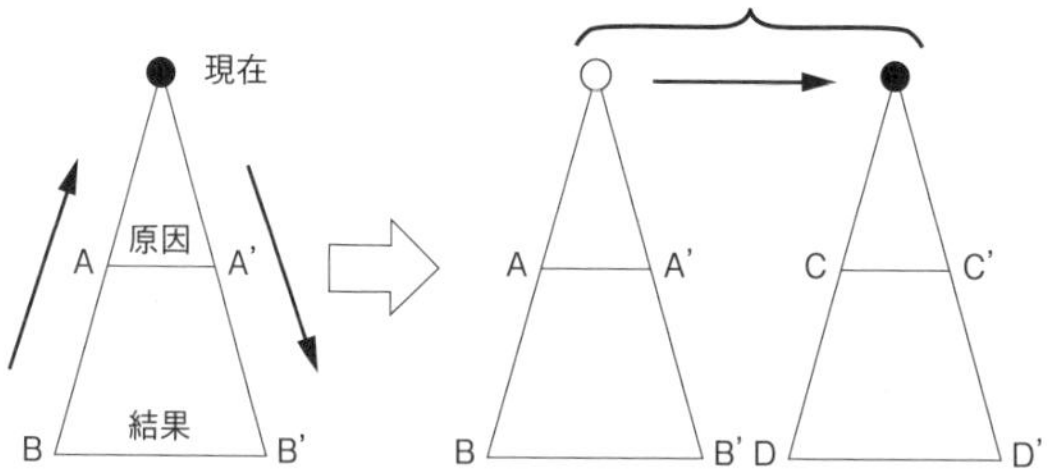

図3－3　デジャヴにおける過去のすり替え、宙吊りにされた過去。

　図3－3において前者はCC'、後者はDD'で表されている。もちろん、ここでも「乾いた車輪」が「ずっと以前につけられた轍の上を走る」ことを含意すると同時に、「ずっと以前につけられた轍の上を走る」からこそ、「乾いた車輪」が実現されるのであり、部分・全体の相互参入によって反復が実現されている。こうして、二つの記憶イメージの間で、現在の乗換えが起こり、この乗り換えの現在＝持続、において、黒丸の現在はCC'－DD'の歴史に接続され、現在はその接続によって絶えず完了していくことが了解される一方、歴史AA'－BB'は、現在という支えを失い、宙吊りとなってしまう。このとき、歴史AA'－BB'は、絶えず完了していく反復でありながら、現在完了ではない、遠い過去の完了であると理解されるこ

とになる。それは過去完了の記憶である。以上のように、既に経験したという感覚が出現する。

デジャヴを理解するとき、現在をなす空間からかき集められて形成される純粋知覚の結果である現在と、反復する記憶とは独立であり、任意に関係を取り結べることがわかる。各々の反復する記憶は三角形であるが、これを総合するとき、現在と接続する過去の逆円錐を構想できるだろう（図３－４）。こうして我々は、ベルクソンの逆円錐に、自然にたどり着くことができる。反復の運動は、円錐であるがゆえに、

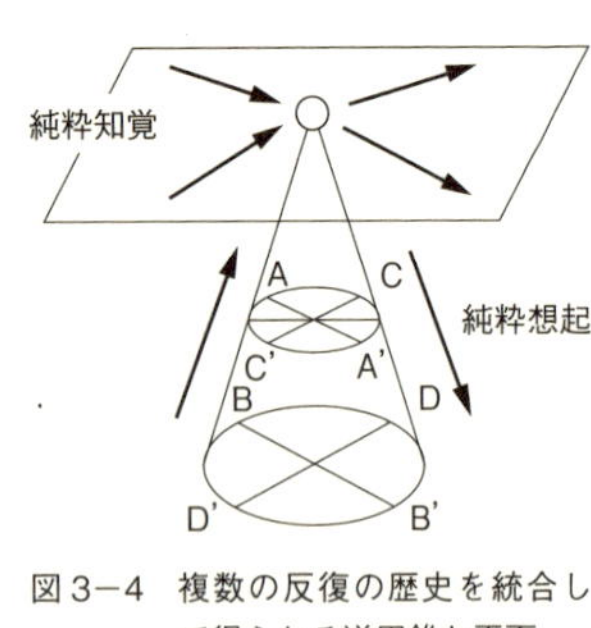

図３−４　複数の反復の歴史を統合して得られる逆円錐と平面。

多様な反復の可能性を包摂する。したがって、どの反復の比重を大きくするのかによって、この現在との接続が変化する。常に十全に現在と接続するのではない。或る場合には記憶は現在へ流れ込み密な接続を実現し、或る場合にはその比重での記憶と接続が切れ、反復の比重を変えることになる。こうして、絶えず現在は平面において作られ、移行し（図３－４における平面上の矢印）、記憶からの接続によって変質する。逆に現在は記憶を変え、反復の比重を変質させる。両者の相互作用において、一般の知覚＝記憶は、純粋知覚と純粋想起とに、完全に分離することができない。

４　ベイズ推論と逆ベイズ推論

本節では、前節でほぼ明らかとなったベルクソンの知覚＝記憶の構造を、『物質と記憶』における

一般観念に対する議論をもとに、より明確にし、その具体的実装として、ベイズ推論と逆ベイズ推論を接続した推論モデルが構想できることを示そう。

ベルクソンは、一般観念の問題について述べる場面ではないと言いながら、『物質と記憶』第3章で、一般観念の把握に関する二つの理論の関係を述べる。二つの理論とは唯名論と概念論であるが、実はベルクソンは、唯名論と概念論の対という図式によって、想起の構造を示唆している。前述のように、純粋想起とは、現在を予期し解釈せんと待ち構える部分・全体の相互参入運動である。この運動のメタファーとして、唯名論と観念論の関係が使われているのである。

唯名論は、観念を外延によって説明しようとする理論であり、観念論は逆に内包によって説明しようという理論である。両者は一見、互いに対立し、観念の説明に対していずれが正しいのか、その正当性について争っているように思える。しかし、ベルクソンによれば、一般観念を或る特定の言葉で説明できたとするには、なんらかの抽象化が必要となり、内包の助け、すなわち観念論が必要となる。逆に、観念論もまた、唯名論を必要とする。したがって、ここには循環が見出され、我々はかかる循環に取り込まれたかのようだ、とベルクソンは述べる。しかし、すぐさまベルクソンは、このような循環を認めるには、両者に共通する公準があることになる、と述べ、それを個物に求めるが、最終的に一般観念を獲得するに至るには、個物とも一般とも離れた、類似性が出発点になると論じる。類似性は、しかし、循環の接続において意味を異にする。こうして、複数の類似性が発見され、循環から開放されると述べられる。

唯名論と概念論、すなわち外延と内包の対立、循環は、部分と全体の相互参入に対比されるものだ。前述の相互参入は、順序を仮構しながら、相互参入によって順序を解体している。その意味で、相互参入する部分・全体は、部分の集まりとしての総和的全体と、強度としての全体それ自体を意味し、外延と内包に対応するものだ。ならば相互参入は循環に対応し、ベルクソンは、相互参入が不可能だと述べているようだ。ここでいう循環とは、悪循環であり矛盾である。つまりベルクソンは、唯名論と概念論との接続において、悪循環に至る連絡が不可能で、両者間の運動は決して矛盾に逢着しないと述べていることになる。部分と全体の相互参入は、理念において想定されるだけで、現実には純粋知覚が部分・全体の相互参入に介在する。この介在によって、運動は矛盾に逢着しない。

以上の議論を考慮し、図3－4で示された逆円錐の実装を、推論モデルにおいて考えることにする。ベイズ推論（Bayes, 1763/1958）は、経験に依存して確率分布を変化させ、意思決定するための推論モデルであるが、条件によって限定された確率を、無条件の確率に置き換える操作によって定義される。例えば、猫をにゃあと鳴かせることに成功する確率について考える。何の情報もないとき、鳴くか否かは確率〇・五である。ところが、目の前にキャットフードをちらつかせるとき、鳴かせることのできる確率は〇・八に上がる。通常の確率論では、キャットフードをみせるという条件のもとで猫が鳴く確率と、無条件で猫が鳴く確率は区別する。しかし、ベイズ推論では、キャットフードをちらつかせるという条件が、もはや常態化し、その条件のもとでの確率こそ、知識を得た後の、猫を鳴かせる確率であると考えるのである。こうしてベイズ推論では、無条件の猫を鳴かせる確率を、猫を鳴かせる事前確率、条件付の猫を鳴かせる確率を、猫を鳴かせる事後確率と呼ぶのである。

或る袋に、赤玉と白玉があわせて一〇個入っているとする。ここから一個取り出し、色を確認してからもとに戻すとしよう。あなたは、この袋に対して、二つのモデルで推定する。第一のモデルは一〇個のうち三個が赤玉、第二のモデルは一〇個のうち七個が赤玉というモデルである。取り出す試行が回を重ねるとき、赤が続くなら、あなたが推測するモデルは、赤玉の多い第二のモデルになり、白が続くなら白の多い第一のモデルになるだろう。ここで、第一のモデルを、与えられた袋のモデルとして採用する確率は、当初情報がなくわからない。しかし試行で赤玉が出れば、その条件のもとで第一のモデルを袋のモデルとして採用する確率は変化する。それは特定の条件（赤玉が得られたという条件）のもとでの条件付確率である。ベイズ推論では、これを無条件の第一のモデルを採用する確率と解釈してしまうのだ。こうして、各試行において、以前の事前確率は、以後の事後確率に置き換えられる。複数のモデルから、与えられた条件のもとで尤もらしいモデルを選択していく。このとき得られた条件に偏向して、確率分布を変えていくのがベイズ推論である。

ベイズ推論は、バースやドゥアンヌによって提唱された、グローバルワークスペース理論の実装であると考えられる。グローバルワークスペースは、外部刺激がやってくるとき、複数の神経細胞同期領域が現れ、最も大きな同期領域が選ばれて、脳全体へその情報を送る最適化過程である。外部刺激は、得られる条件、同期領域の各々は、モデルに対応する。特定の外部刺激のもとで最も大きな同期領域を選択するとは、与えられた条件下で、各モデルの条件付確率を求め、最もその条件付確率の高いモデルを、最適なモデルと解釈することに他ならない。これに賛同しながらも、ベイズ推論のみでは不十分だと唱える者に、アレッキがいる。彼は、条件なしの確率を条件付確率で置き換えられることが可能となるように、モデルにおける外部刺激の確率を変える操作が必要、と唱えている（Areochi, 2007; 2011）。その方法を時間軸の中で展開するには、アレッキの議論は不鮮明だ。しかし、私は、まさにベルクソンの逆円錐、すなわち、知覚と不可分な部分・全体の相互参入運動が、ベイズ推論と逆ベイズ推論の関係を実装するものと考えている。

図3－5に、ベイズ・逆ベイズ推論によって実装される、ベルクソンの逆円錐を示そう。図3－3や図3－4において、部分・全体の包含関係は、条件の付加で解釈されたから、条件付確率は円錐の上部、条件なし確率は円錐の下部に位置する。図3－5では事象Bの確率をP(B)、条件Aのもとで事象Bの得られる確率をP(B|A)と表記している。赤玉、白玉の例に戻るなら、Aは例えば、赤玉が得られるということ、Bは例えば、第一のモデルを表している。最も無条件な確率が、逆円錐の底面となり、それは考えられる任意の事象のどれかが起こる確率である。それは何の情報も持たない自明な確率となる。ベイズ推論は、条件付確率P(A|B)によって条件なしの確率P(A)を置き換える、逆円錐において上向きの運動となる。逆ベイズ推論は、無条件の赤玉が得られる確率を、或るモデルにおける赤玉の得られる確率に置き換えることになる。それは図3－5に示すように、逆円錐おける下向きの運動、P(B|A)をP(B)で置き換える運動を意味する。

　しかし逆円錐の上向きの運動（収縮）は、逆円錐で閉じることができない。それは経験的に得られた赤玉が出る確率を、いずれかのモデルの確率とみなす過程である。赤玉、白玉の例においても、第一のモデル、第二のモデルと二つのモデルがあった。そのいずれかを選択するかについて、逆円錐だけでは情報が不足するのである。ここでどうしても、モデルの種類を選択する、という確率分布の変更という逆円錐の運動では導けない操作が必要となる。それは、確率の参入という想起、記憶の運動ではなく、事象という対象の選択なのである。それは、記憶や想起という時間軸に沿った運動ではなく、空間における探索、侵入なのであり、知覚なのだ。こうして逆ベイズ推論は、逆円錐における下向きの運動でありながら、知覚を必要とし、知覚を誘導する。こうして、モデルの確率分布が変化するだけではなく、モデル自身が変化する。だから、逆ベイズ推論が誘導する知覚は、ベイズ推論にも影響

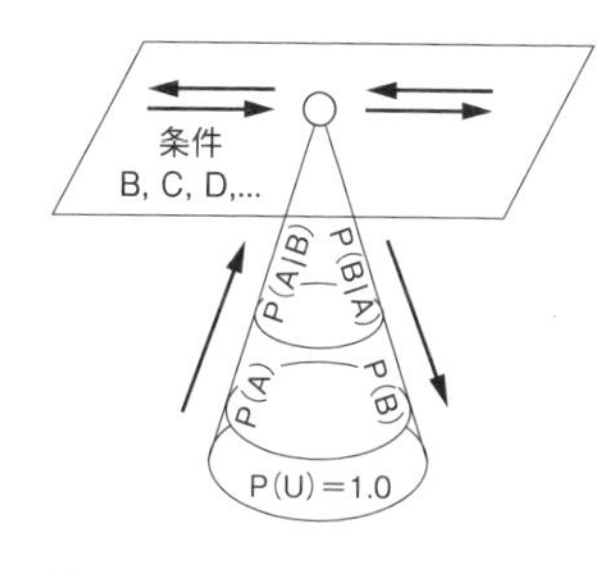

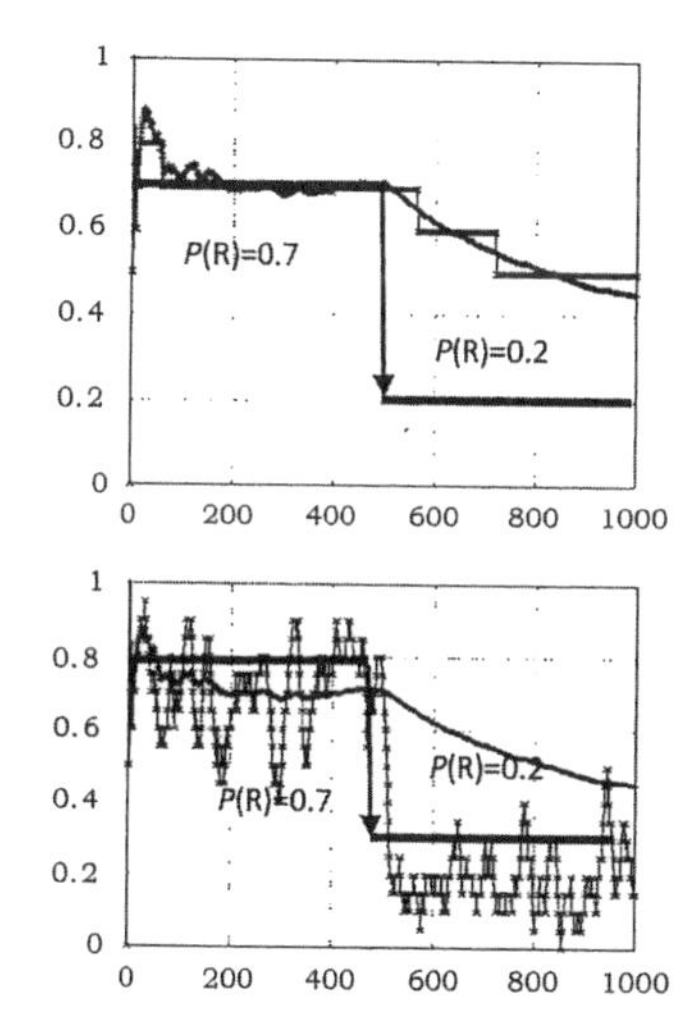

図3−5
左：ベイズ・逆ベイズ推論によって実装されたベルクソンの逆円錐。
右上：予測すべき事象の確率が急激に変化した場合のベイズ推論による推定値。
右下：予測すべき事象の確率が急激に変化した場合のベイズ・逆ベイズの両者を用いた推論による推定値。

を与えることになる。

ベイズ・逆ベイズ推論が、推論にどのように貢献するか簡単な例で考えたものが、図3−5右図である。いま前述のような赤玉と白玉が入った袋を想定し、取り出して色を確認し玉を袋へもどす試行が繰り返されている。あなたは、複数のモデルを持っており、試行毎に、各モデルにおける赤玉の出る確率を計算するよう教示されている。このとき実は、袋の中身が途中ですりかえられ、赤玉の出る確率は〇・七から〇・二へと急激に変化している。図3−5右図では縦軸が赤玉の出る確率を表しており、〇・七と〇・二の二値のみのステップ状に表示されたものが、これを表している。試行の真中の回までほぼ水平で、以後なだらかな下に凸の曲線を描いている確率が、赤玉の出るその試行回までの累積頻度から得た確率である。それ以外の第三の曲線が、推論によって得られた最も高い確率を持つモデルにおける赤玉の出る確率である。図3−5右上の図は、この推論をベイズ推論のみで計算している。現実の試行において赤玉の出る確率に変化がなければ、その推論はかなり正確であるが、急激な変化には対応できないことがわかる。図3－5右下の図が、ベイズ推論、逆ベイズ推論両者を用いて計算した推論である。ベイズ推論のみの場合と異なり、通常から推定にゆらぎはあるものの、急激な変化によく対応できることがわかる。

ベイズ推論、逆ベイズ推論の関係は、ベルクソンの逆円錐をよく表現したモデルと考えられる。条件の付加による順序を前提としながら、条件付・条件なしの確率を相互参入させ、順序構造を反故にしながら、予期と解釈の運動を実現している。さらに無条件の底面は、可能な事象のいずれかが生起するという、自明な確率を意味し、可能であるだけで実現されない事象、すなわち一度も現在になっていない過去を含んでいる。それは純粋過去と考えられる。さらにベイズ・逆ベイズ推論は、一見逆円錐で閉じた対称的な運動に思えながら、逆ベイズ推論において知覚を誘導し、誘導された知覚はモデルの確率分布（記憶）に影響を与える。これは、一見、知覚（物質）と記憶（精神）の二元論的機制を想定しながら、異質な両者の接続を核心とする、ベルクソンの知覚＝記憶をうまく表現するものと考えられる。ベイズ推論、逆ベイズ推論の実装についてはいくつかの方法が考えられる。そこから得られる論理的構造は、重複を許しながら複数の還元主義的論理を貼りあわせ、全体としては還元主義にならない論理となることが報告されている（Gunji et al., 2014; 2016, 2017）。

5　議論および結論

ベルクソンは、物質と観念の二元論を曖昧にするために、イメージという中間的概念を持ち出し、二元論を克服したと言われている。本章では、しかし、このイメージ世界は、もはや実在と表象を併置し、照合する必要のない、その全体を仮想的空間と考えるべきものだと捉えた。だから、対象の知覚は対象において成立し、主観的感覚はそれと同じ意味で、仮想空間における身体の内側で成立する。イメージ世界において成立し、知覚とは情報の流れの結節点であり、澱みである。情報の流れのつくる澱みや迂回は、時間の非同期性・ずれを作り出す。知覚は、この意味において時間的にも空間的も局所的となる。このような知覚のモデルは、事前に並列的にはたらく無意識と、それらを事後において解釈する意識との区別によって理解する、近年の脳科学、意識科学のモデルに極めて整合的だ。しかし、ベルクソンの情報伝播、情報流の、複雑な回路網イメージは、事前・事後の明快な区別を示唆するものではない。だからベルクソンの考える知覚の場は、徹底した事後における受動的意識という意識の存在様式とは異なるものになる。

イメージ世界において、ベルクソンは他と分離できない対象という在り方を強調し、一種の全体論的存在をかもし出す。しかし彼は、知覚とは全く別の記憶を導入し、知覚と記憶が極めて異質な過程であることを強調した上で、両者の接続について論じる。この接続において、ベルクソンは一元論でも二元論でもない、身体外部の知覚と、身体内部の記憶との接触を論じることになる、最終的に得られるベルクソンのイメージ世界は、図3－6のようにまとめられるだろう。成立する知覚の一つ一つに、記憶と想起の円錐が接続する。この局所的で、ダイナミックな境界において、彼は、宇宙＝わたしという全体論を構想し得ない。宇宙＝わたしといった統一的全体は、円錐と知覚の接点、すなわちイメージ世界のいたるところで破綻しているのだ。その全体は一人称的全体でありながら、ダイナミックな局所的綻びによって開かれ、現実の経験世界たり得るのである。

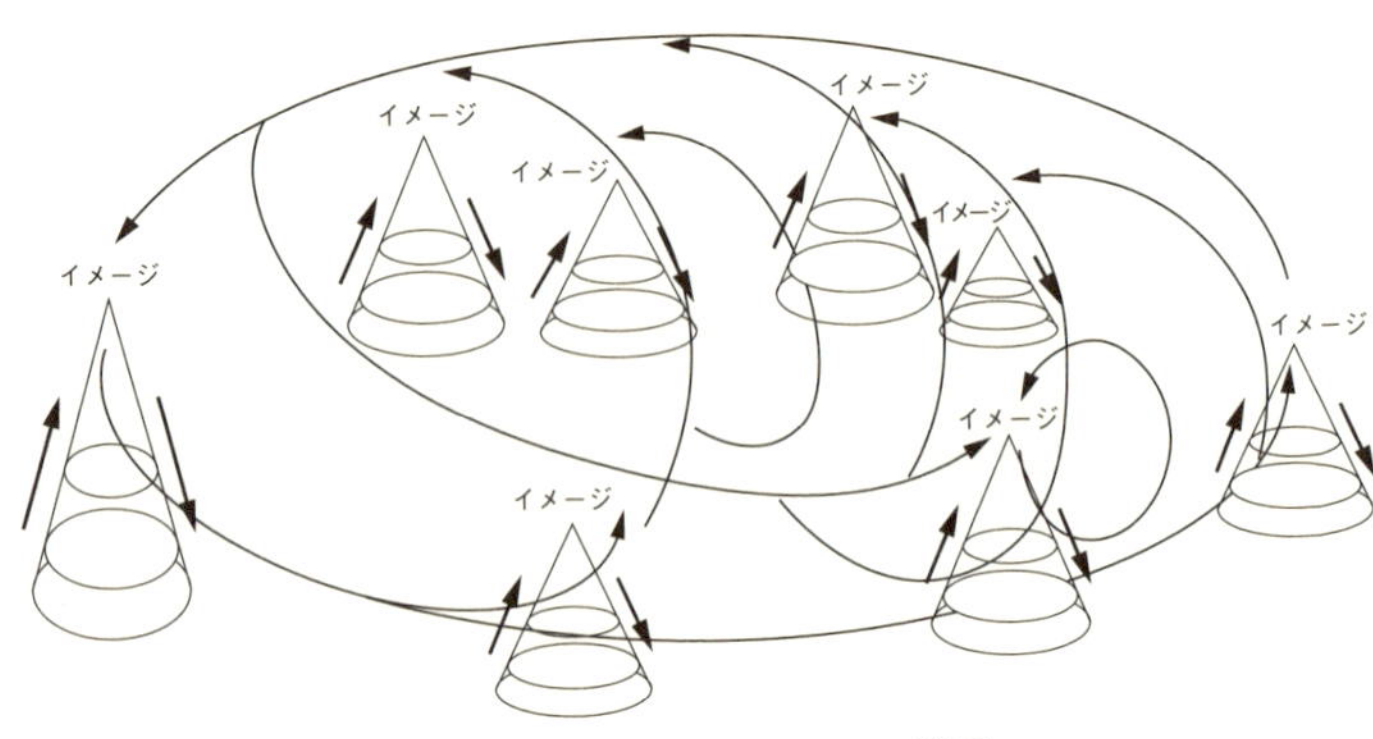

図3−6　各知覚に潜在する円錐を付与されたベルクソンのイメージ世界。

記憶は、当初、獲得された習慣の再認をモデルとして理解される。習慣という運動は、通常、経験された事象を貯蔵し、これを想起することが自動化した運動だと考えられ、純粋記憶は、これと本質的に異なる実在であるように思える。しかし、両者はむしろ密接な関係を有する。見知らぬ街の散策に関する習慣は、部分から全体を知り、全体に対して部分を代表させる運動を意味することがわかる。ここから敷衍される習慣的記憶は、原因（部分）から結果（全体）を含意し、結果を再帰的に原因へ参入することで結果（全体）から原因（部分）を含意する。こうして得られる部分・全体の相互参入運動は、部分、全体の包含関係で順序を示唆しながら、相互参入によって順序構造を破壊する。その最大の極限が純粋記憶である。第2章「純粋過去によって開設されるいま・純粋過去によって開設されるわたし」で、具体的経験との照合を諦めることこそ、純粋記憶であると述べた。それはやはり、具体的経験の構造を破壊するものなのである。

現在の知覚と記憶される過去という関係は、必然的に接続するものではない。各々は独立な存在で、関係は恣意的である。このことは、現在の知覚と、反復する過去（部分・全体の相互依存関係）という関係で見ても、簡単に理解できるものではない。この現在と過去の接続の恣意性を理解する最もいい例がデジャヴであろう。ベルクソン自身、決して深く追求しなかったデジャヴは、本章で、現在と接続が切れ、宙吊りにされた歴史=反復が過去完了と解されることで説明された。この現在と過去の接続に関する恣意性は、普遍的なものだ。その最も特殊で接続を切る事例が、デジャヴとして現れたのである。知覚と記憶の関係は、ベイズ推論で明確になる。ただしベルクソンの反復=記憶、すなわち部分・全体の相互参入の対称性を考慮するとき、逆ベイズ推論という、もう一つの推論が要請される。さらに逆ベイズ推論は、記憶で閉じることができず、知覚に本質的な影響を与える。ベイズ・逆ベイズ推論の接続は、異質な記憶と知覚の接続を例示する極めて優れた例といえる。ベルクソンの知覚・記憶理論は、現代の脳科学や人工知能に近しい、実践的な理論である。それは、意識を外部から眺め三人称的に理解する立場ではなく、内部から眺めた、一人称的立場に徹している。自律的に記憶を持ち知覚する人工知性を構想する者こそ、むしろベルクソンに学ぶべきであろう。

文献

Arecchi F. T. (2011). Phenomenolog of Consciousness: from Apprehension to Judgment, Nonlinear Dynamics, Psychology and Life Sciences, 15, 359-375.

Arecchi F. T. (2007). Physics of cognition: complexity and creativity, Eur Phys, J. SpecialTopics, 146, 205.

Baars, B. J. (1989) . A cognitive theory of consciousness, Cambridge, MA: Cambridge Univ. Press.

Bayes, Th. (1763/1958). An Essay toward solving a Problem in the Doctrine of Chances.Philosophical Transactions of the Royal Society of London 53, 370-418 [second publication is at Biometrika, 45, 296-315]
Bergson, H. (1896/2014). Matter and Memory (translated by NM. Paul and WS Palmer),Solis Press.
ベルクソン、アンリ『物質と記憶』(竹内信夫訳、白水社、1896/2011).
Dehaene, S. and Naccache, L. (2001). Toward a cognitive neuroscience of consciousness: Basic evidence and a workspace framework, cognition, 79, 1-37.
Dehaene, S. (2014). Consciousness and the Brain, New York: Brockman Inc., スタニスラス・ドゥアンヌ『意識と脳』(高橋洋一訳、紀伊國屋書店、2015).
Gibson, J. J. (1979). The Ecological Approach to Visual Perception, Boston: Houghton, ジェームズ・ギブソン『生態学的視覚論――ヒトの知覚世界を探る』(古崎敬訳、サイエンス社、1986).
Gunji, YP, Sonoda, K., and Basios, V., Apprehension and Judgment leading time structure (to appear in Proceedings of the Conference on New Challenges in Complex Systems 24-26, Oct, 2014, Waeda University).
Gunji, YP, Sonoda, K,, and Basios, V. (2015). Quantum Cognition based on an Ambiguous Representation Derived from a Rough Set Approximation, BioSystems, 141, 55-66.
Gunji YP, Shinohara S, HarunaT, Basios V. (2017). Inverse Bayesian inference as a key of consciousness featuring a macroscopic quatum logic structure. BioSystems 152, 44-63.
Koch, C. (2012), Consciousness, The MIT Press, クリストフ・コッホ『意識をめぐる冒険』(土谷尚嗣・小畑史哉訳、岩波書店、2014).
リベット、ベンジャミン『マインド・タイム――脳と意識の時間』(下條信輔訳、岩波書店、2005).
前野隆志 (2010).『脳はなぜ「心」を作ったのか――「私」の謎を解く受動意識』ちくま文庫
Massimini M and Tononi, G. (2013). Nulladi piu grande, Baldini & Castoldi Co. Ltd., マルチェッロ・マッスィミーニ、ジュリオ・トノーニ『意識はいつ生まれるのか――脳の謎に挑む統合情報理論』(花本知子訳、亜紀書房、2015).
Tononi, G. (2004). An information integration theory of consciousness. BMC Neuroscience, 5, 42, doi: 10.1186/1471-2202-5-4.

第4章　存在論的独我論から帰結される「貼りあわされた世界」

1　モノとコトの区別――再帰構造体系と意味論的外部の区別

本章では、意識が「存在＝生成」として理解される基本的枠組みを与え、そこから得られる意識の描像が、リベットの実験[21][22]以降特に主張される、意識＝幻想論とは異なる転回となることを論じる。ここでは、異質な概念装置の接合を論じるため、モノとコトという概念を用いる[9]。日本語においてモノとコトという言葉は使いやすいものであるが、様々な意味で用いられる。モノは対象化され、確定的な指し示しが可能であり、コトはモノとモノの間に控え、モノの対象化を実現する場のように使われることもある。逆にコトが理に通ずる理念であり形式であって、モノは物の怪に通ずる不可思議なマテリアル、マチエールであるという使われ方をすることもある。そこでまず、本章でのモノとコトを以下のように定義することにする。

モノ＝対象化される再帰構造体系：部分・全体の双対性を有する体系の全体

コト＝再帰的構造体系を包括しその外部に広がる意味・その延長にある外部

再帰構造体系とは、対象として明示された形式（言葉など）を、繋げることや置き換えることで、新たな形式を生み出す体系である。対象化を通して構想される概念一般であると考えてよいだろう。コトは、その外部に控えるもので明示的には見出せない。モノ化によってその一部が顕在化することはあっても、絶えずモノ化において背景に退く事態こそコトである。ここでいうモノは、システム論が構想する、部分と、部分の総和以上の全体性を宿したシステム、すなわち、部分と全体の双対性を構想する枠組みを含んでいる。逆に言うと、モノとは設定した途端に部分―全体のような双対性を意味する軸として構想され、モノの軸の多様性を示す無際限な可能性の軸こそ、コトの軸といえる。モノの軸を限定し、設定すると、部分の総和とは異なる形式で、全体が指定可能となり、部分・全体の関係性、原因・結果の因果性が議論できる。

数学における通常の最終目標は、双対性（アジョイント）の発見といえるだろう。[19][20] 双対性は、通常二者択一の議論と考えられる概念対を、互いに補完し合うものとして見渡す図式枠である。例えば、因果律において、原因に基礎を求め、結果を説明するような機械論的因果律と、予定調和的全体を結果として想定し、原因の起源を説明しようとする目的論的因果律のような対立は、対立ではなく、縄をなうように出現する因果的な過程の存在様式を理解するための補完関係とみなされることになる。生物における氏か育ちかといった議論、自己組織化におけるボトムアップかトップダウンかといった論争も、双対性の下に見渡されることになる、同様の偽の論争ということになる。氏か育ちかという議論は、個体においては構造と機能の問題になる。この両者も、決して独立ではなく、互いに補完するべく対を成すものと理解されることになる。すなわち個体化の起源において、内因たる構造をとるか、外因たる機能をとるかという問題は、いずれかに決定すべき問題ではなく、独立な両者の総合によるものでもなく、両者の対として現前するものこそが、個体なのであるという理解に逢着する問題として再発見されることになる。

果たしてそうだろうか。いや創発、個体化は、双対図式に留まる、クリアーで確定的な理解になじまない、もっとどろどろしたものだろう。徹底的に異質なモノとコトが出会わないところに、創発、個体化はないからだ。[11][12]しかしこの双対性を発見するという理解の在り方は強力である。そこで第一に、モノとコトの両者からコトを排除して双対図式に持ち込むアプローチについて、第二に、モノとコトの両者を同一平面上に落として、新たな双対性を見出すアプローチについて述べ、後述する「意識＝モノとコトの接合点」との違いを浮き彫りにしておこうと思う。

2 再帰構造体系と意味論的外部の区別および双対性への回帰

前述のように、コトの軸とは、モノの軸が多様で無際限に存在し、主体の存在によって収縮、弛緩する方向の軸である。コトが不確定な方向へ弛緩するとき、意味的無際限さが見出され、逆に確定的に収縮するとき、限定の完了・境界条件の指定が見出される。したがって、他者・外部・開放性は、コトの問題系、因果律・現象・システム概念（全体が限定）はモノの問題系ということができる。従来提出されてきた多くの概念も、両者の接続にこそ、自己組織化・創発が出現すると唱えるわけたが、ほとんどの場合、両者を完全に分離し、コトを捨象し、モノの世界に限定して双対性を見渡すに留まってしまう。しかし我々は、彼らの初期の目標を掲げ直すべきだろう。そのためにも、まず、モノへの回帰を見直しておこう。

第一に、プリゴージンの散逸構造[29]を挙げておく。それは、開放系における（コトの関与）構造形成（モノ）の説明を志向し、科学において「生成＝存在」を実装した画期的概念装置だ。したがって、モノとコトの接続点を意図していたのであり、境界条件の自己形成をも含む「振動〜存在者」を意図したものだった。しかし、成功した数理モデルは、特定の境界条件下でのパターン形成に留まり、特定の条件の下でのミクロとマクロの双対性を見渡すに留まった。ミクロな分子運動によってマクロなパターンを説明し、逆に、定常状態として出現するマクロなパターンがミクロな運動を拘束し、その境界条件を与えると説明される。この限りで、結果的にコトは捨象され、モノの内部で双対性が構想されることになる。第二に、ヴァレラとマツラーナによるオートポイエーシス[26][33]を挙げておこう。ここでは、入出力のないエネルギー的に開かれ、操作的に閉じたシステムが構想される。それは散逸構造におけるミクロ・マクロが、エージェント・統一体に置き換えられているに過ぎない。それは、一見すると境界条件の指定（コトにおける収縮〜指定）とみなせるが、統一体をもたらすミクロな運動を実現する境界条件のみが、予定調和的に統一体によって指定され、双対性を壊すものの関与は許さない。指定可能な統一体＝システム（モノ）を脅かすコトは許容されない意味で、コト性は排除されてしまうのだ。第三に、ギブソンのアフォーダンス[7]を挙げる。これもまた、本来的には開かれた環境におけるミクロとマクロを、生物とそれを取り囲む全体としての環境に置き換え、その補完関係を見渡すものだ。補完性を脅かす外部性（コト性）は、〝接触〟概念として考慮され、生物が環境のアフォーダンスを知覚する過程が、暗闇に手を伸ばすような不定さ、可能性の束として描かれる。しかし生物が環境の要求する機能を直接知覚し、生物と環境が機能的円環を形成することが一義的に主張されるとき、生物と環境の間の、いわば隙間（だからこそそれは、モノの間から垣間見れるコトのはずだ）を、可能性の束とみなすのは、隙間の隠蔽に他ならない。コトは、機能的円環を微妙に揺らす程度の、消極的役割を担うばかりだ。生物（部分）と環境（全体）の補完関係（モノ）とその外部性（コト）は、分離され、決して出会うことがない。

では、モノとコトの両者を見渡す議論は、どのような展開をみせるだろうか。一つの展開は、モノ内部に展開されていた双対性（部分と全体の補完関係）が、モノとコトの双対性として新たに回収される、という展開だ。入不二は、クオリア問題における、チャーマーズ（5）のクオリアとネーゲルのコウモリにそういった双対性を見出し、クオリア問題自体が、この双対図式の中で往復運動を繰り返すと述べている。[28] このわたしだけが知る主観的感覚（クオリア）は、誰にも知ることができない私秘的〈私〉に固有な性格と考えられる。それがチャーマーズの問題だった。内的極限としての私秘的〈私〉は、いわばモノ内部に留まる世界を構成する局所の一点である。他方、ネーゲルが掲げるコウモリ、[16] すなわち、我々が決して感じることのできないコウモリにおける知覚、は、決してこちらから窺い知れない、他者の（コトの）極限として想定されてしまう。例えば自明な「わたし」を既知（モノ）の中心と位置づけるとき、そこから展開される機能主義の中心（外部への働きかけ（機能）としての感覚）は、クオリアなる不在を帰結する。それは、未知（コト）を発見することを意味する。他方、未知を不在として構想するとき、不在の前提として機能主義（既知からの出発）が要請される。だからモノにおける内とコトにおける外は、互いに補完的なアポリアを開設するというわけだ。

モノとコトの全体を見渡すことで出現する新たな双対性のもう一つの例としてメイヤスー[27]における潜在性と潜勢性を挙げておこう。因果律に従う合理的な世界では、可能性のレパートリーが与えられ、現実において選択される。このように経験を認めて得られる世界像は、レパートリーは変化しないものの確率分布は変化するといった世界像、モノの世界である。逆に、レパートリー自体が変化してしまう想定外の基盤の変化を許容するものが潜在性である。しかしこのような潜勢性と潜在性との区別は、逆にモノとコトの双対性を顕在化させるだけで、決して両者の接続へと踏み込まない。次章ではそれについて述べる。

3　モノとコトの双対性を越えて――両者の接続＝創発としての意識へ

自己言及とフレーム問題の相互無効化

モノとコトの接続は、問題を擬似的なものへと変え、したがって解決もまた擬似的なものへと変貌させる。だから、創発という無から有への転換は真か偽かといった問題は、問題として認識可能だが、問題自体が見えなくなることはなく、その解決によって、問題が完全に解消されるということもない。意識の理解に対する我々の立ち位置は、そのようなものとなる。

モノとコトの接続を、まず自己言及とフレーム問題の接続という形で概観しよう。[11][12][13][14] 自己言及は、明示的に対象化された部分と全体の双対性から形成される、モノの問題系である。他方、フレーム問題は、部分と全体の関係が想定不可能なことを現実との接続という様相の意味論として指摘するもので、モノというフレームの無際限さを指摘する、コトの問題系である。

自己言及は、例えば、「この文は嘘だ」という形で現れる。「この文」という部分が、全体である「この文は嘘だ」を指示する（自己を指示する）ため、文が嘘だとすると、文自体の主張は正しくなる。逆に文が正しいとすると、嘘だとする文の主張と逆になる。つまり文が正しいか嘘か決まらないという矛盾が生じる。この矛盾は、「この文は嘘だ」という全体の無限退行としても表せる。全体を「この文」に代入し続けることが可能となるため、「この文は嘘だは嘘だ」から、「この文は嘘だは嘘だは嘘だは……嘘だ」という無限に繰り返された無限退行が得られるからだ（「嘘だ」を一回通過するごとに文の意味が正しいから嘘へ、または嘘から正しいへと反転することで無限退行は矛盾を意味する）。もう一つの表現、それはフレーム問題だ。計算機で1＋1を入力すると2が出力される。これが正しいと受け容れられるためには、計算機のプラグがコンセントに差し込まれているという条件（フレーム）の成立が必要だ。コンセントに接続されて計算機が作動するためには、さらに送電線から正しく電気が送られているというフレームが必要だ。こうして与えられた文の正当性を確保しようとすると、フレームのフレームの……、という無限退行が出現するわけだ。

自己言及とフレーム問題による無限退行は、同じことの別な表現に過ぎないとしばしば思われてきた。しかし私はかつて、両者は質的に異なるもので、自己言及は統語論（文法操作）と意味論から構成される論理体系に起因し、フレーム問題は、その論理体系が現実世界と接続することに起因する別種の問題だということ、さらに、別種の問題であるから共立（接続）可能であることを示した。その上で、自己言及とフレーム問題の接続によって、二つの矛盾は互いに無効にされることを示した。自己言及は、「この文は嘘だ」を全体として指定できるからこそ、この全体が部分である「この文」に代入され無限退行が生じた。しかし「この文は嘘だ」という全体の設定に疑義を捉えるものこそフ

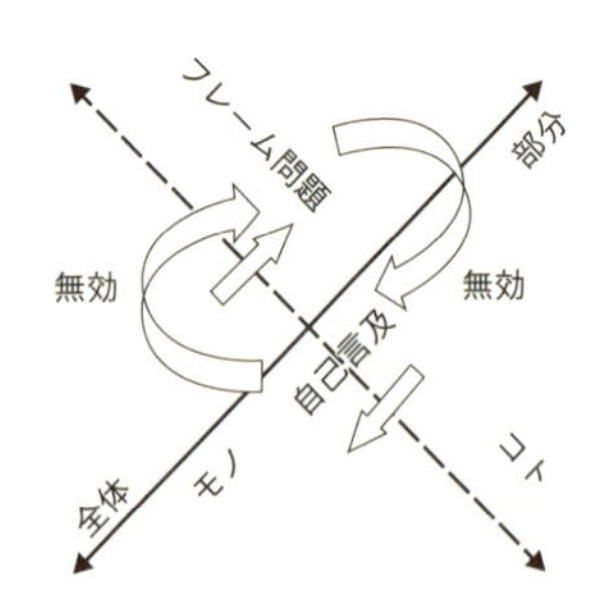

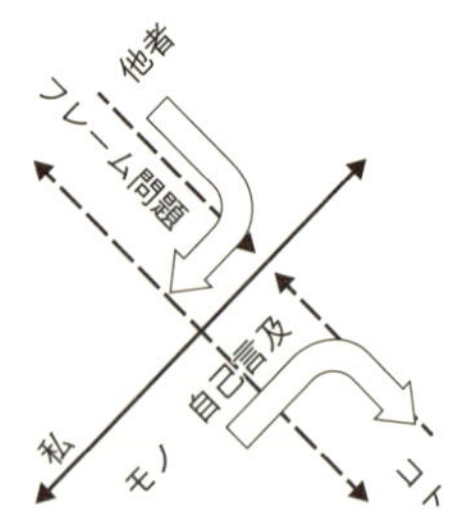

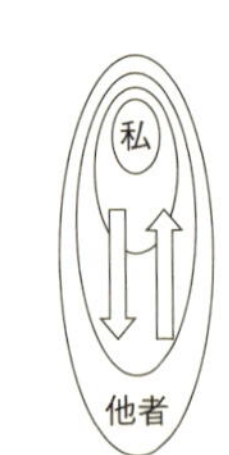

図４−１　左図：２つの軸（モノとコト）は、その接続において互いに無効にする。
右図：２つの軸を平坦な面に置くとき新たな双体性が見出される。

レーム問題だ。黒板に書かれた「この文は嘘だ」の横に、小さく「じゃない」と落書きがあったとしよう。すると自己言及が成立するには「じゃない」は文全体に入らないという条件をクリアーしないといけない。この文は嘘じゃない、つまり「この文は正しい」ならば矛盾は起こらないからだ。同様に条件（フレーム）の羅列は無際限に続く。すなわちフレーム問題は、自己言及の前提である全体の指定を懐疑し、自己言及の無限退行を無効にしてしまう。

逆にフレーム問題も盤石ではない。フレームを指定するということは、実は指定する観測者・解釈者が潜んでいることを意味する。観測し決定する主体（考える私）、これを疑う装置こそ自己言及である。私を考える私と規定するとき、考える考える私、考える考える考える……私、という自己言及に起因する無限退行がすぐさま現れる（ここでも「考える」を一回通過するたびに意味が変質する）。フレーム問題の前提である、フレームを指定する主体が成り立たない。こうして自己言及は、フレーム問題の無限退行を無効にする。結局、フレーム問題と自己言及は、互いに相手の前提を覆し、無限退行を無効にするのである。

だから、全体の確定を前提とし、その上で部分と全体の指示の二重性を問う自己言及は、フレーム問題にその前提を脅かされる。逆

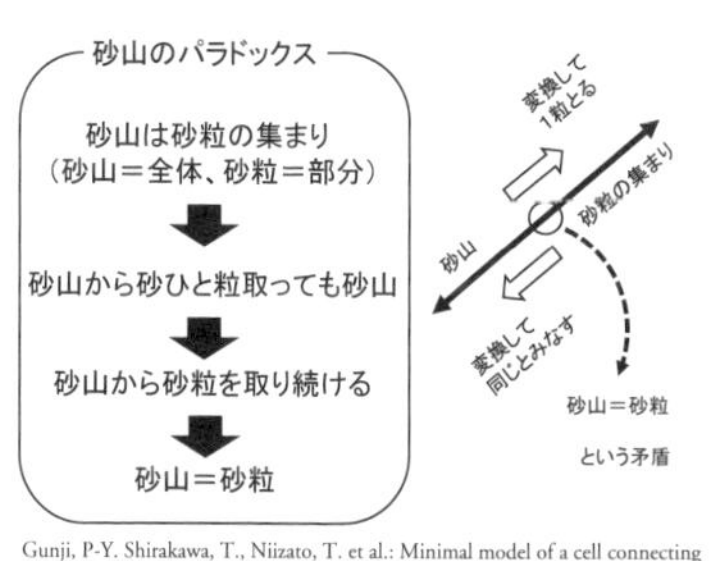

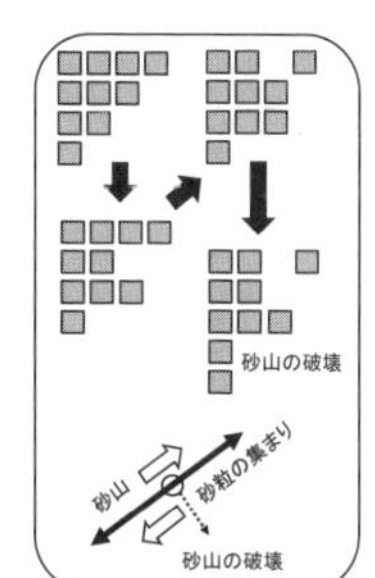

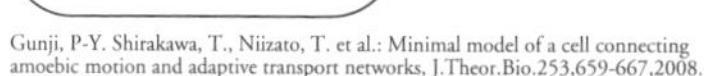
Gunji, P-Y. Shirakawa, T., Niizato, T. et al.: Minimal model of a cell connecting amoebic motion and adaptive transport networks, J.Theor.Bio.253,659-667,2008.

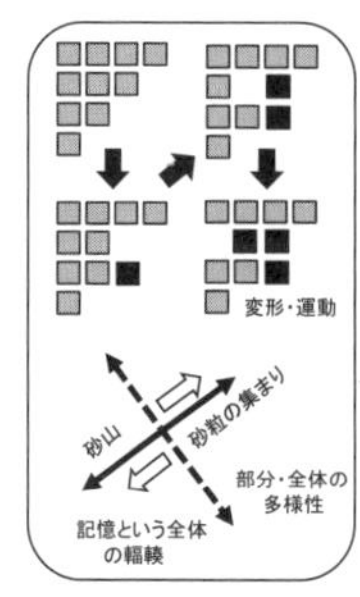

図4－2　左図：砂山のパラドクス。モノの位相に留まることで砂山と砂粒の集まりという二重性から矛盾が生じる。
右図：砂山のパラドクス（左）に数え上げた全体という第二の全体性を導入したモデル。全体は壊れずに変形・運動を続ける。

にフレーム問題は意味（現実との接続）に関する指摘であるから、意味を確定し認識せんとする主体を前提とする。そのような認識主体こそ、自己言及を免れ得ない。つまりフレーム問題は自己言及にその前提を脅かされる（図4－1左図）。

自己言及とフレーム問題の接続による相互の無効化こそ、モノとコトの接続によって出現する肯定的個物化の事例である。二つの軸を見渡し、双対性の図式において両者の関係を見渡すだけでは（図4－1右図）、創発的個物化は決して見出せない。次節で、モノとコトの接続がもたらす安定性の例をみていくことにする。

砂山のパラドクス（モノ）に接続される全体の多様性（コト）

砂山のパラドクスもまた、部分と全体の指し示しに関する二重性がもたらすパラドクスであり、モノの位相にある問題系である。ここにフレーム問題であるところの、全体性の唯一性を覆す位相（コトの位相）を接続するとき、驚くべきアメーバ運動が現れる。この事例をみていくことにする。[10]

砂山のパラドクスは、図4－2左図に示すように、砂山と砂粒の集まりという現象に対する両義性から帰結されるパラドクスである。砂山から砂粒を一粒とるとき、砂粒の集まりとしては変化し続けるが、砂山という全体性は変化しない。ここに、とり続けられて残る最後の一粒＝砂山という矛盾が現れる。だからこそ、まさに全体性は常に唯ひとつに規定できるとする前提が、この矛盾の核になっている。

ここで図4－2右図のように、まず砂山のパラドクスを書き換えてみる。砂山は、砂粒（灰色の四角形）が隣接した一連の状態と定義する。砂粒を一粒ずつずらすことが、数え上げることであり、砂粒の集合を認識することだ。もし砂山を与えられても、砂粒をずらすだけなら、砂山は壊ればらばらになる。これが砂山のパラドクスのここでの表現となる。ここで多様な全体性を導入する。ずらした砂粒をずらす以前の砂粒と区別し、数え上げた砂山（図4－2右図の右で黒四角で示してある）として全体の中に認めるのである。こうして、数え上げた砂粒は、全体の中に別種の全体を形成し、数え上げ操作による破綻をダイナミックに阻害する。

コトはモノ（合理主義的体系）の外部である。通常、合理的体系外部とはランダムさでありカオスである。したがってそれは、モノの破壊であり、モノの存続を許さない悪と思われがちだ。しかし外部は、質的に異なる外部と重なり合うことで破壊を破壊し、むしろ動的でありながら壊れない運動を実現する。それは、外部を内部に幾重にも組み込んだ襞として、内（モノ）と外（コト）のインターフェイスを自律形成することになる。

4　モノとコトの接続に出現する意識・クオリア

モノとコトの接続として開設されるはずの意識は、しかし往々にして、双対性を見渡すことで看過される。それは、決して他人から窺い知れない、私秘性を有する内的極限としての私と、外的極限としてモノに直交するコトの果てに位置する他者とを、同一位相として扱い、双対図式として単純化する操作によって帰結される（図4－1右図）。そこに出現するのは、私と徹底した他者を両極とする玉ねぎ構造である。ここでの玉ねぎ構造は、各階層間の区別は確定的で、階層間の境界は明確に規定できることを含意する。玉ねぎ構造は、意識＝幻想論を生み出す前提となる。リベットの実験以降、ゾンビ的事前（明確な意図的意識の出現以前に行われる無意識（に従事する神経細胞（ゾンビ））の脳活動）と意図的事後（無意識の活動に後続する意識にのぼる意思決定）を区別した、意識の幻想説が台頭している。しかし、それは様々な点で意味のある展開であり、この延長上に、モノとコトの接続を見出すというステップは、意識のアプローチとして理解しやすい戦略と思われる。

意識の幻想説は、日本では前野[23][24]、国外では「ユーザーイリュージョン」のノーレットランダージュ[30]などがその端緒であろう。力点の位置を微妙に変えながら、しかしそのモデルは基本的に近年のコッホ[18]やトノーニ[25]に継承されている。リベットは、人間が意図的行動――例えば指を曲げる行動――をとる際、指を曲げようと思う〇・五秒ほど以前から、脳の準備電位と呼ばれる領域が活動することを示した。これは一見、人間には自由意志がなく、身体を含む脳の他の部位が勝手に動き、意志は単なる修飾物に過ぎないといった描像を与える。意図を発動する私の中心部位以外の領域を、前野は小人の群れ、コッホやトノーニはゾンビの群れと呼ぶ。ともあれ、こうして非同期で分散型のゾンビによる

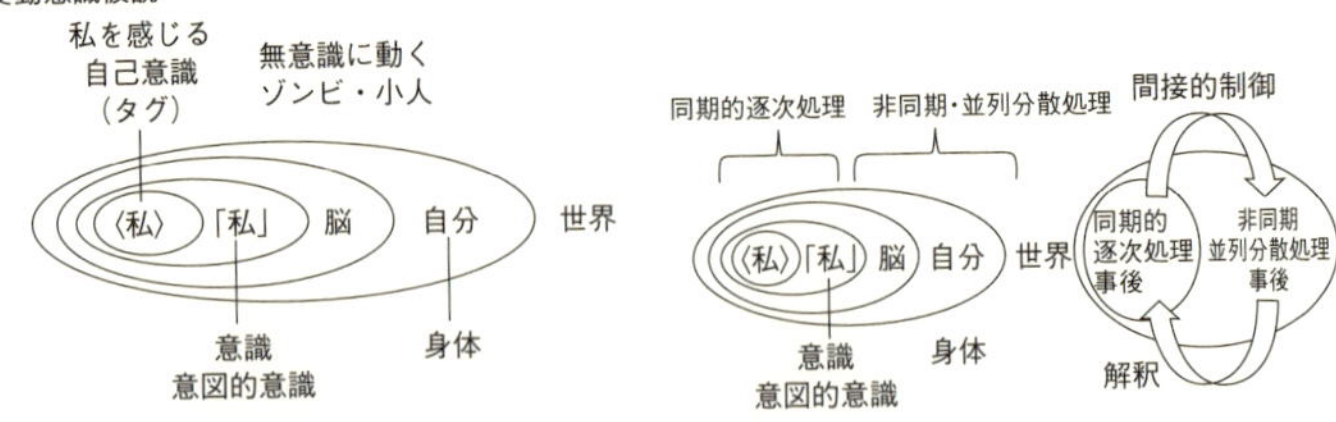

前野隆司（2004）『脳はなぜ「心」を作ったのか』筑摩書房
クリストフ・コッホ（2012＝2014）『意識をめぐる冒険』岩波書店
ジュリオ・トノーニ（2013＝2015）『意識はいつ生まれるのか』亜紀書房

図4－3　左図：私―世界（他者）の玉ねぎ的階層構造。
右図：非同期的・並列分散処理を実現する事前領域と、同期的逐次処理を実現する事後領域を分離するとき、事前と事後を相互に実現する情報処理過程＝意識という描像が得られる。

情報処理がまず実行され、その後実行された情報処理を、意図的私が、同期を前提とした離散的事象の時系列として理解し、逐次処理として解釈するという描像が得られることになる（図4－3）。非同期分散処理と同期的逐次処理は、事前・事後の区別をもたらし、その交代によって、〈私〉は外界と相互作用することになる。

事前・事後のループ（図4－3）は、意図的〈私〉が間接的に、ゾンビの群れに命令を下すことを可能とする。事後に解釈された逐次的情報処理は、できごとを離散的に扱い、できごとの順序によって、時の移ろいを表現する。したがって、プログラム可能かつプランニング可能であり、以後の事前を成す分散処理型の情報処理に、意図的〈私〉は影響を与えることが可能である。ここで重要な点は、事前・事後を明確に切り分けられること、すなわち意図的〈私〉から外部へ至る階層構造が、常に任意の階層で分離可能で、玉ねぎのように外側の皮を分離する（めくっていく）ことが可能である点だ。

前述のように、コトは、モノの想定する玉ねぎ構造（部分・全体軸）に直交する。コトは、玉ねぎ構造が意味する或る部分・全体軸、とは異なる、多様な部分・全体軸（モノの軸）が、

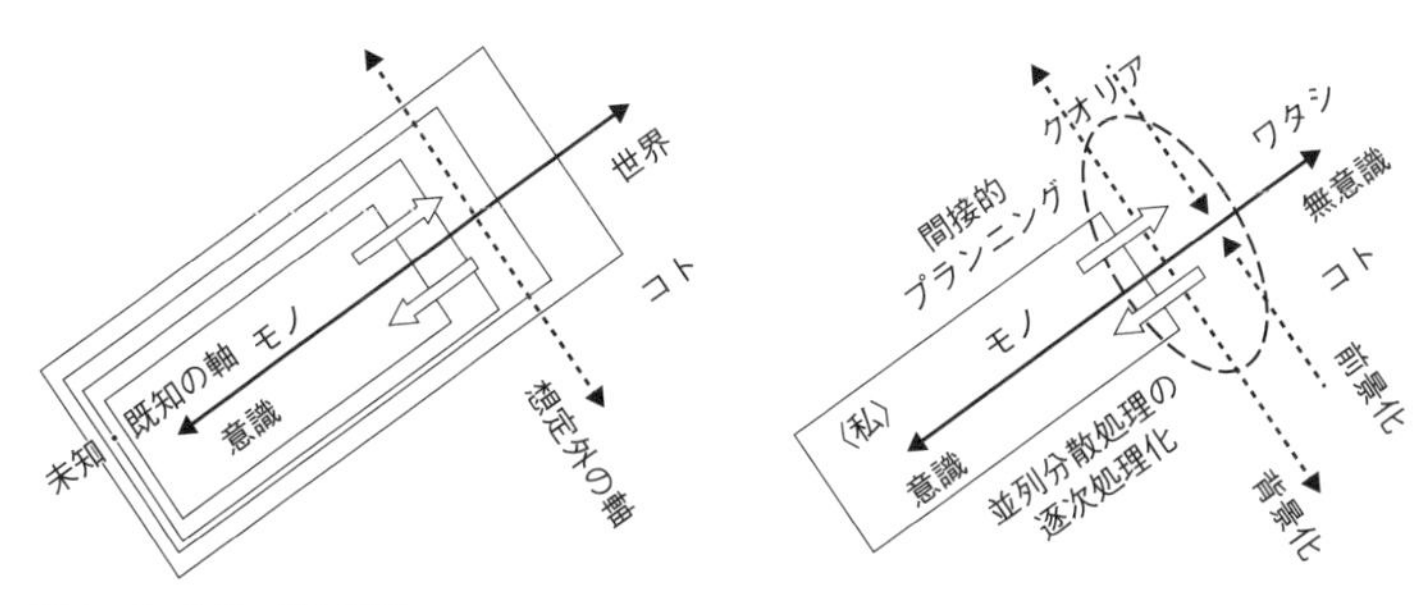

図4－4　左図：階層構造をどこで切っても２つに分離して内・外の双対構造が見出される階層構造は、コトの軸を考慮しない結果である。ここから、事前・事後の分離可能性が得られる。
右図：コトの軸を考慮して初めて、想定外の可能性が内部に浸出し、内と外の境界は襞状に変化する。おそらくその構造（表現体）こそが、〈私〉の感覚であり、クオリアであろう。

無際限に並んでいる様相を示すものだ。それは常にモノ化によって背景に退き、逆に折にふれて前景化しモノの変質を実現する（図4－4左図）。玉ねぎ構造は、このコトの軸を見失っている。玉ねぎであることは、必然的に意識の幻想説を帰結する。意識それ自体を脳（いわゆるNCC; neural correlate of consciousness）に求めようと外側から外皮を剥がしていくとき、常に内と外に分離可能で、外側を剥がすことになる。こうして内側に本質を求める探究は、無限に内側に遡行する。それは本質の不在を意味し、ここに意識＝幻想を見出すことになる。

しかし、とりわけ前野のような、徹底して、〈私〉を意味のないタグに落とし込む議論は、クオリアを理解する通過儀礼として重要な論点と思われる。センサーの専門家でもある前野は、指先はセンサーがあるだけで、ここに脳はない。にもかかわらず我々は、磨きこまれた大理石を指でなでるとき、「指先において」滑らかな手触りを感じる、と思う。これは脳が作り出した幻想に過ぎない。もしこの指先の感覚＝幻想論、に納得がいくのなら、「〈私〉において」クオリアを感じる、というのも同じだ、というわけだ。

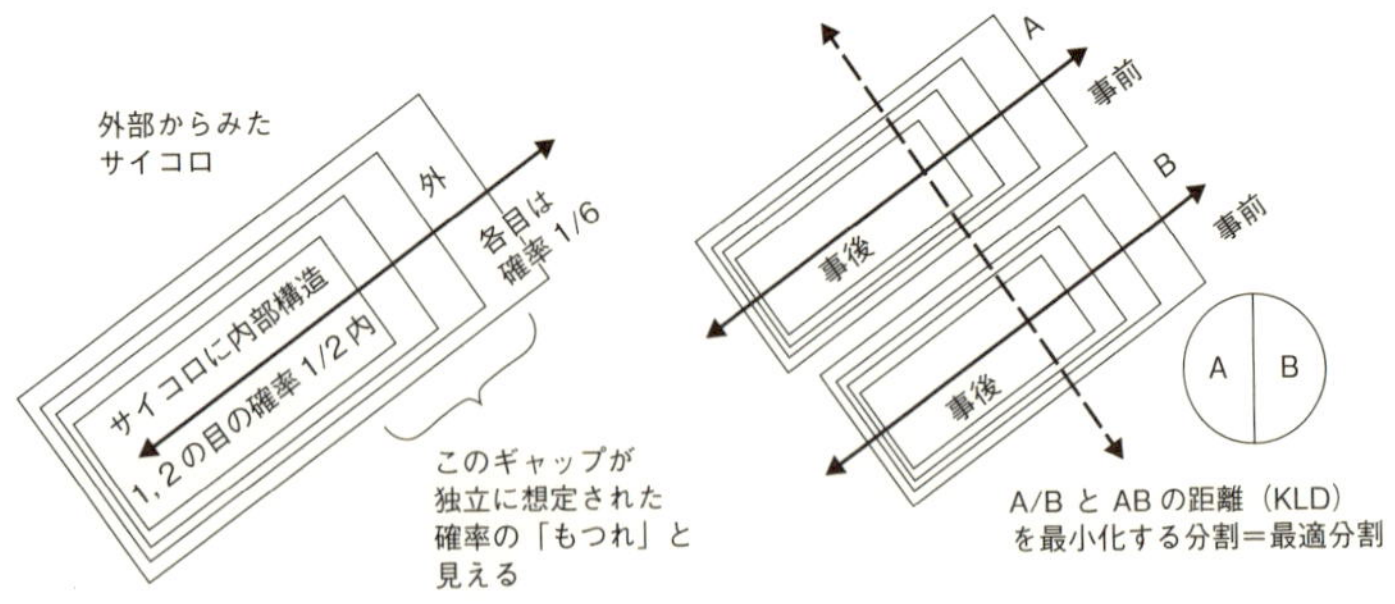

図4−5　トノーニらの統合情報理論。基本的にレパートリーの多寡による階層構造を見出し、統合情報量とみられる量によって、意識の有無を定義する。

また前野は、〈私〉が事後的解釈をするだけだからこそ、感覚の結びつけ問題は存在しない、と唱える。特に結びつけ問題は、クオリア論者が述べていたこともあり、重要な指摘だ。すなわち、元来のクオリア問題には、いくつかの問題が混じりあい混乱していた。前野はモノの次元のみで得られる結論をすべて導き、本来の問題へ再定式化を行ったと言っていいだろう。

トノーニの統合情報理論[32]も、基本的にこの玉ねぎ構造を踏襲するものだが、玉ねぎ構造とは異なるものを求めている。トノーニは、情報を統合する能力こそ、意識に固有のものだと考える。その上で、逆に統合能力を持つシステムを、意識的なシステムと考えようと唱える。これは暴論にも思えるが、現場の医師としての立場から、一見意識を持つように見えないこん睡状態の患者を、いかにして救うかという目的のもとに、意識の客観的定義を求めているようだ。

統合情報理論は、次のようなものだ。システムは、図4−5のように分割され、各々の分割領域で、事前と事後に関する情報量を計算する。事前情報とは知識のない条件、事後情報とは知識のある条件下での情報を意味する。角が磨り減っていて、一、二の目しか出ない特殊なサイコロがあったとする。この特殊性を知らなければ全ての目の確率は六分の一であるが、知っていれば一、二のみ確率二分の一で、あとは確率0となる。このように知識の有無によって考えるべきレパートリーが異なる。このときレパートリーの広い方が事前情報、狭く限定されたほうが事後情報となる（図4－5左図）。この事前、事後の変化を或る情報量として計算するのだが、このときシステムを様々に二分割するのである（図4－5右図）。

この分割は、情報量の或る距離が最小となるような、或る最適化のもとで決定される。この最適分割において、二つの領域各々に関する事前、事後の情報の差が計算され、その和が計算される。次に分割せず、システム全体について事前、事後情報の差が計算される。こうして得られた部分の和としての情報量と、全体としての情報量の差が、統合情報量となる。統合情報理論は、システムがどののぐらい、分割できない全体性に寄与しているかを評価する。完全に縦割りの会社組織は、部分に分割可能で、全体性は寄与せず、統合情報量は小さいだろう。逆に各部署間の相互作用が活発で、互いの仕事が相互作用を通じて変化する会社組織では、統合情報量が大きくなる。しかし、ここで評価されるのは、閉じた組織だ。組織と外の関係、外部との関係は決して問題にされない。特定の知識の有無によってのみ、外部が措定されるに過ぎない。そのような外部は、窺い知れない外部、予め想定できない外部ではない。現実のシステムは、外部との動的関係にあって、予測不可能性という暴力を肯定的に使い生きている。統合情報理論には、その外部性がない。

外部性の現れの一つの事例が、想定される条件（レパートリー）の変質・拡大である。レパートリーの縮小は、ベイズ推論によって取り込める。ベイズ推論とは、或る条件のもとでの情報を、条件なしの情報の更新とみることだ。前述した、サイコロの特殊性に関する知識という条件のない情報を、事前情報とみなし、知識のある条件下での情報を事後情報ということこそ、レパートリーの縮小を問題

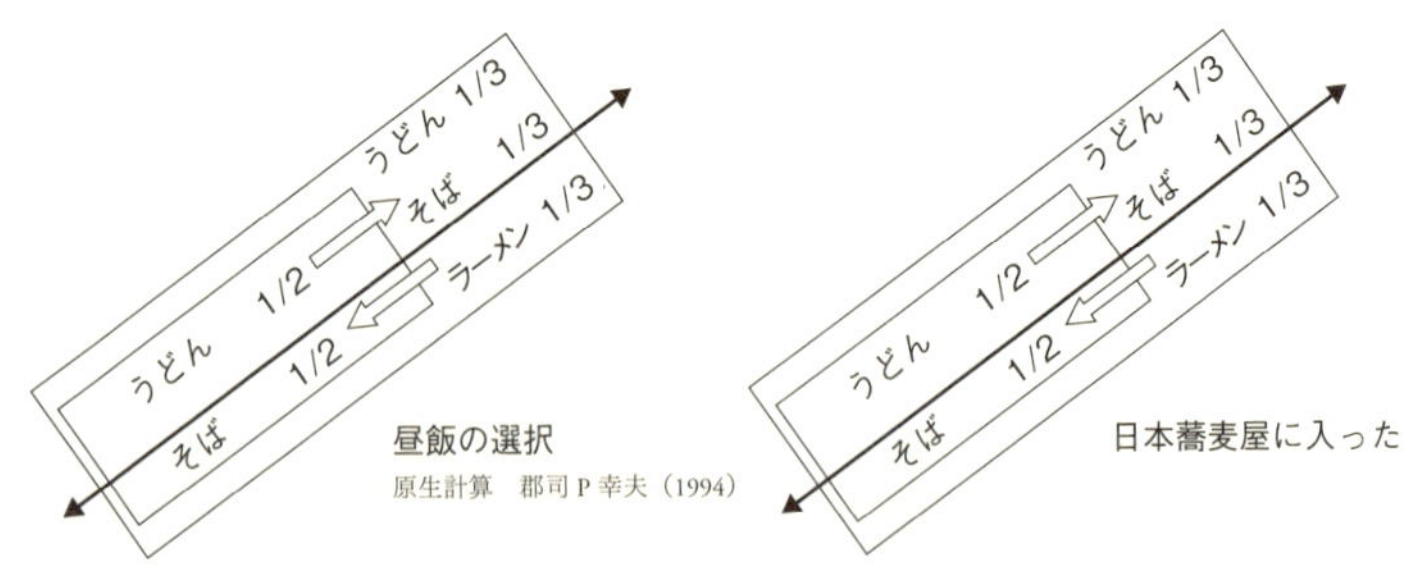

図4−6　レパートリーが小さくなることで、より決定論的な方向へ推論が進む。

にするベイズ推論の方法である。ベイズ推論とは逆に、レパートリーを広げること、正確には、ベイズ推論によって切り捨てられた外部が、同時に、取り込まれる内部に浸出し影響を与える。これこそが、統合情報理論で考慮されない、外部性の一つの事例である。これをここでは、最初の提唱者であるアレッキ[1][2][3]に因んで逆ベイズ推論と呼ぶ。

ベイズ推論はデータによって制約された条件下で仮説を得る確率を、制約なしの仮説を得る確率とする。他方、逆ベイズ推論は、制約なしでデータを得る確率によって、仮説を選択して得られるデータの確率と考える。つまり、逆ベイズ推論では、仮説によって世界を分割する、分割の仕方を変えていくのである。この結果、ベイズ推論は、世界のレパートリーを小さくし、より決定論的な方向へと推論を進め、逆ベイズ推論はレパートリーを拡大もしくは再配列し、より非決定論的な方向へと推論を進めていく[15]。

図4−6のように昼食の意思決定を考えてみる。うどんかそばかラーメンかの選択に悩んでいるとき、各々が選ばれる確率は三分の一だ。ここで彼は秘かに日本蕎麦屋に入ることを決意したとする。このときラーメンは選択のレパートリーからはずれ、もはやうどんかそばを選択する確率は各々二分の一となる。これが事前、事後確率の変化となり、ベイズ推論による確率の変化に対応する。これに対し、日本

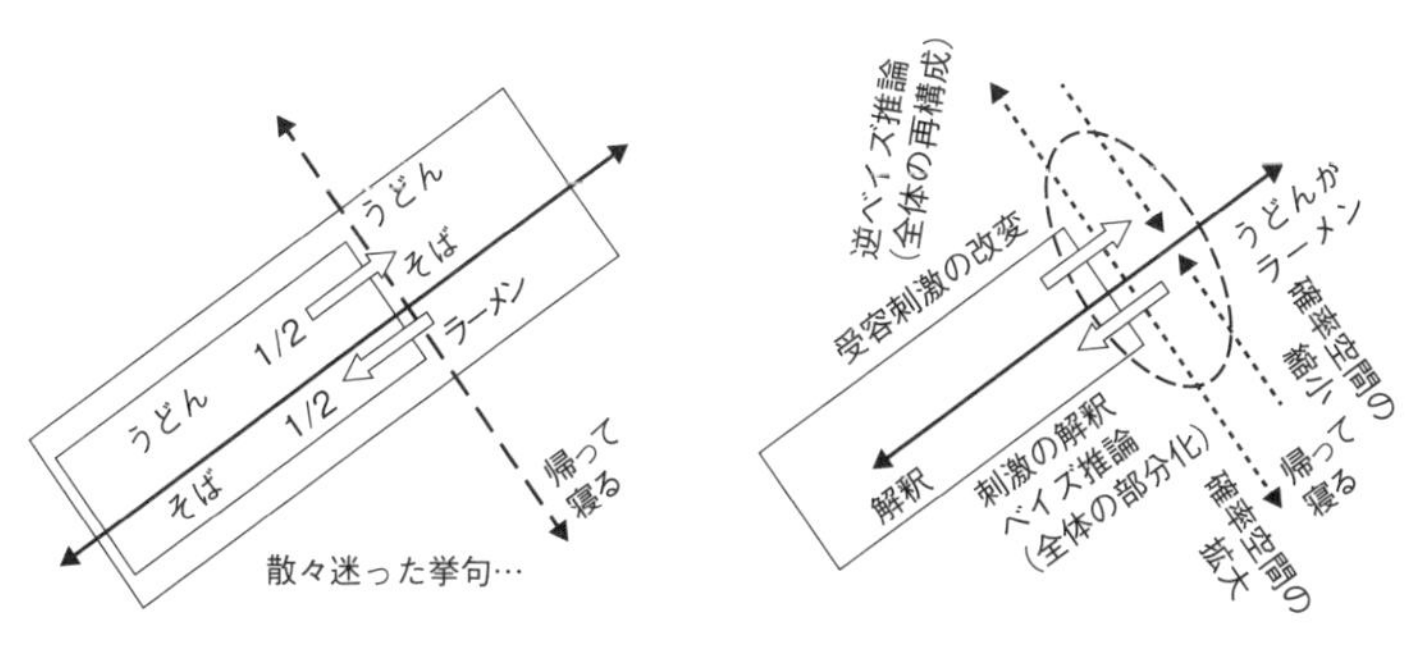

図4−7　外部性の関与によって、レパートリーの縮小にその外部が関与してくる。

蕎麦屋に入った彼が、うどんかそばかの選択に散々迷った挙句、いずれも選ばずに帰って寝たとしよう（図4−7左図）。いや、まさにわれわれはそのような選択を実現する。こうして、切り捨てられたレパートリーのさらに外部さえ、突然レパートリー内部へ回収され、選択に影響を与えてしまう。排除されたはずのレパートリーが組み込まれ、選んだはずの日本蕎麦屋というモデル（仮説）の意味が変質し、「帰って寝る」が選択される。これが、逆ベイズ推論である（図4−7）。つまり、逆ベイズ推論とベイズ推論の併用によって初めて、モノの軸においてレパートリーを縮小しながら、コトの軸方向に複数の仮説内部のレパートリーを再配列し、拡張するのである。特定の仮説から排除されたはずの外部が、仮説内部に浸出してくる。ここに、内部と外部の区別は明確にできず、境界は曖昧で襞状のものとなる[15]。それは決して、玉ねぎ構造を意味しない。

　モノの軸のみを考えるとき、任意の階層で内と外は分離可能となる。このとき、階層の間（スキマ）にはなんら構造が認められない。しかし、コトの軸を考慮するとき、階層外部の内部への浸出が実現され、他の可能性の並存する世界像がもたらされる。認識は複数の認識単位（アトム）をもたらすが、ここでもたらされる世界像は、認識単位と認識単位の間に、外部が浸出することを認め、認識単位がいつの間にか変質することを認める。複雑で豊穣な世界像を標榜する時、しばしば非還元主義が唱えられる。それは多くの場合、認識単位の足し合わせだけでなく、掛け算や割り算に相当するような、別な特定の操作を導入することでもたらされる。本書の立場からすると、それは或る一つのモノの描像に過ぎない。そこではアトムそれ自体は変化せず、静的な非還元主義が認められるに過ぎない。コトの軸が考慮されることで初めて、動的な非還元主義の世界像が得られることになる。

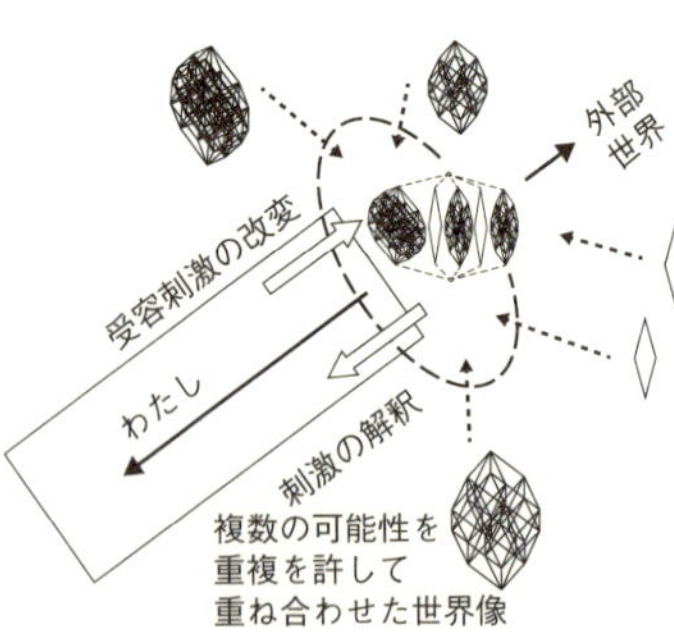

図4—8　ベイズ・逆ベイズ推論を用いて得られる世界像の構造＝直モジュラー束構造。

内と外の間の構造は、どのようなものになるだろうか。図4－7右図のように、ベイズ推論と逆ベイズ推論を用い、入力データと出力仮説の確率に関する推論を行うと、対角化された領域が貼りあわされた構造をもたらす。ここで対角化された領域とは、データに対してこれを解釈する仮説が何であるか唯一に決まる世界観を意味する。つまり対角化された領域の各々は、(外部の)対象・(内部の)表象関係が一対一に定まり、全てはその組み合わせで理解できる世界像を意味している。しかし世界像の全体は、対角化された領域の複数の貼りあわせによって構成される。各々の部分世界内に留まる限り、世界は還元主義的だが、全体がその貼りあわせで重複を許すため、異なる複数の部分世界から表象をとってきてその関係を議論しようとすると、もはや足し合わせは成り立たない。

貼りあわされた世界像は、図4－8のような構造を成している。各々は世界全体を頂点とし、空

（何もない）を底とする包含関係を成している。包含関係の成立する場合のみ線で結ばれ、線の交わる場所に、その部分世界における表象の集合が位置している。例えば、猫と犬から構成される集合は、猫、犬、インコ、ハムスターから構成されるペットの集合に含まれ、包含関係が成り立つ。しかし、猫、トラ、ヒョウ、ライオンから構成される猫科の動物の集合には、犬の存在のため含まれない。このように包含関係は、構成要素の有無で定義される。空の直上にある集合が、その部分世界における還元要素（アトム）を表している。つまり各世界において認められる集合は、アトムの組み合わせで理解できる。[16] しかし、世界全体は、これら部分世界の貼りあわせで構成され、頂点と底は、すべての部分世界で共通である。[17] こうして、図4－8の中央に示すような、部分世界を重複させながら貼りあわせた構造が得られることになる。

逆ベイズ推論を主張するアレッキは、逆ベイズ推論を操作として実装し、その意味を論じているわけではない（詳細は「社会の在立構造から時間の存立構造へ」に述べられている）。しかし、その論点は明快で、以下の二点が主張される。第一に、知覚が記憶の想起を伴う場合、データの解析に伴って、データを解釈する仮説自体が変質するということだ。仮説の選択は地形としてモデル化できる。仮説は解答が加わらない限り、最適解を頂上とする単独峰の地理で示されるが、解釈が加わると、複数峰の地形に変質する。

ここに、アレッキの、第二の論点が接続する。それは量子論的効果によって、二番目の峰から最高峰への非論理的跳躍が可能であるという主張である。人間の認知システムではまさにこの跳躍のおかげで、概して最適解に到達できる、というわけだ。つまり第一の点で指摘された想起によってもたらされる。探索地形の変質は、量子論的効果によって補完され、無効にされる。アレッキはそう主張している。[1][2][3] 果たして、ベイズ・逆ベイズ推論によってもたらされる、還元主義的部分世界の貼りあわせで構成された世界像は、直モジュラー束という、量子論と密接な関係にある論理になっている。[15] これは決して偶然ではない。推論の結果、完成された世界像は、量子論的構造を有し、量子論的効果を体現した世界像を表現する。実際、この貼りあわされる対角化された部分世界の各々は、富士山のような単独峰を表している。対角化された領域の貼りあわせは、高さの異なる単独峰の貼りあわせを意味する。さらに対角化された外部は、或る対角化領域から、別の対角化領域への跳躍、確率的跳躍を表している。複数の対角化領域の、貼りあわせ構造自体が、ベイズ・逆ベイズ推論によって自己組織的に形成されたことを思えば、アレッキの意味における単独峰から単独峰への跳躍の確率は、自己組織的に形成されることがわかる。つまり非論理的跳躍は、自己組織的に動機づけられるのである。

5 結論

意識を考えるとき、主観と客観の対立図式を構想し、客観的描像とは相容れない主観の起源をどう理解するか、と思い悩むことになる。二項対立から逃れる術は唯ひとつ、両者に補完関係を認め、両者を端成分とする双対性に身を置くことである。そのように構想される「わたし」は、幻想であり、単なるタグであり、世界から受動的に開設されるものに過ぎない。しかし、無意味な存在でありながら、現実の「わたし」は、常に明確で豊穣な感覚——或る構造——を伴う。こうして、「わたし」に伴う構造が、主観・客観の双対性に対し、どのように出現するのか、という問いが現れる。

本章で、「わたし」に伴う構造は、主観・客観の階層構造の間に、襞として出現し、結果として単調な階層構造（玉ねぎ構造）の解体が見出される、と論じた。主観・客観の双対性の軸をモノと呼び、これに直交する外部性、もしくはモノの多様性（可能性として枚挙できるのではなく、潜在している）をコトと呼んで、両者の接続こそが、「わたし」に伴う構造、意識の構造であると論じた。

コッホやトノーニの情報統合理論は、階層構造の複数性に言及し、意識を構造的に理解する方向性としては妥当だが、多様性それ自体を階層構造の外部性（コト）として構想し、外部性との接続という観点まで展開してはいない。その結果、異なる外部が貼りあわされた構造にまで議論が及ぶことはなく、意識はアトムに還元可能な世界観としてのみ理解される。実際、本章で述べた各々の対角化された部分世界＝ブール代数を、彼らはクオリアの成す構造と説明している。本章では、外部性（コト）と内部（双対性）の接続が、ベイズ推論と逆ベイズ推論の両者による、レパートリーの縮小と拡大および再配置として実装可能となることを示し、その結果量子論と関係のある直モジュラー束が見出されると唱えた。ベイズ推論と逆ベイズ推論の重ね合わせによって、意識は、自ら局所解が多数あるポテンシャルを自己組織的に形成し、同時にピーク間のジャンプの確率も自己組織的にもたらす。その結果、意識構造は、世界像をつくりながら、その中の最適解をうまく見出せると考えられる。そして、この局所解を多数形成し、様々なモードの共立を実現するからこそ、豊穣な感覚――クオリアの自律形成が可能となるのである。

文献

（1）Arecchi, F.T. : Complexity, Information Loss and Model Building: from neuro-to cognitive dynamics. SPIE Noise and Fluctuation in Biological, Biophysical, and Biomedical Systems-Paper 6602-36, 2007.

（2）Arecchi, F.T.: Phenomenology of Consciousness: From Apprehension to Judgment, Nonlinear Dynamics. Psychology and Life Science, 15: 359-375, 2011.

（3）Arecchi, F.T.: Physics of cognition: Complexity and Creativity. Eur. Phys. J. Special Topics, 146: 205, 2007.

（4）Balduzzi, D., Tononi, G.: Qualia: The Geometry of integrated information. Plos Computational Biology, 5 e1000462, 2009.

（5）Charmers, D.: The Conscious Mind: In Serch of a Fundamental Theory. Oxford University Press, Oxford, 1997.

（6）Davey, B.A., Priestley, H.A.: Introduction to Lattice and Order. Cambridge University Press, Cambridge, 1990=2002.

（7）Gibson, J.J.: The Ecological Approach to Visual Perception. Psychology Press Class Edition, Oxford, 1979=2014.

（8）郡司ペギオ幸夫：いきものとなまものの哲学。青土社，東京，2013.

（9）郡司ペギオ幸夫：群れは意識をもつ。ＰＨＰ新書，東京，2014.

（10）郡司ペギオ幸夫：生命壱号――おそろしく単純な生命のモデル。青土社，東京，2010

（11）郡司ペギオ幸夫：生命理論Ⅰ――生成する哲学。哲学書房，東京，2002.

（12）郡司ペギオ幸夫：生命理論Ⅱ――私の意識とは何か。哲学書房，東京，2006.

（13）Gunji P-Y., Sasai, Aono, M.: Return map structure and entertainment in a time-state-scale re-entrant system. Physica D, 234: 124-130, 2007.

（14）Gunji P-Y,., Sasaim K., Wakisaka, S: Abstract hetararchy: Time/ state-scale re-entrant form. Biosystems, 91（1）, 13-33, 2008.

（15）Gunji P-Y., Sonoda, K., Vaeileios, B.: Quantum cognition based on an ambiguous representation derived from set approximation. arXiv: 1501.00414, 2015.

（16）入不二基義：Qualia の不在。科学哲学，30: 77-92, 1997.

（17）Kalmback, G.: Orthomodular Lattices: London Mathematical Society Monograph. Academic Press, London., 1983.

（18）Koch, C.: Consciousness, Confessions of a Romantic Reductionist. The MIT Press, Cambridge, 2012.（土谷尚嗣・小畑史哉訳：意識をめぐる冒険。岩波書店，東京，2014.）

（19）Lawvere, F.W., Rosenbrugh, R.: Sets for Mathematics. Cambridge University Press, Cambridge, 2003.

（20）Lawvere, F.W., Shanuel, S.H.: Conceptual Mathematics: A First Introducution to Categories. Cambridge, 2009.

（21）Libet, B.: Unconscious Cerebral Initiative and the Role of Conscious Will in Voluntary Action. The Behavioral and Brain Science, 8: 529-566, 1985.

(22) Libet, B., Gleason, C.A., Wright, E.W. et al.: Time of Conscious Intention to Act in Relation to Onset of Cerebral Activity (Readiness-Potential): The Unconscious Initiation of a Freely Voluntary Act. Brain, 106, 623-642, 1983.
(23) 前野隆司：脳はなぜ「心」を作ったのか──「私」の謎を解く受動意識仮説。筑摩書房、東京、2004.
(24) 前野隆司：脳の中の「私」はなぜ見つからないのか？──ロボティクス研究者が見た脳と心の思想史。技術評論社、東京、2007.
(25) Massimini, M., Tononi, G.: Nulla di piu grande. Baldini & Castoldi, Milano, 2013.（花本知子訳：意識はいつ生まれるのか──脳の謎に挑む統合情報理論。亜紀書房、東京、2015.）
(26) Maturana, H.R., Varela, F.J.: Autopoiesis and Cognition. Kluwer Academic Publishers, Dordrecht?, 1989.
(27) Maillassoux, Q.: After Finitude: An Essey on the Necessity of Contingency. Bloomsbury Publishing, London, 2010.
(28) Nagal, T.: What is it like to be a bat? The Philosophical Review, 83: 435-450., 1974.
(29) Nicols, G., Prigogine, I.: Self-organization in Nonequilibrium Systems: From Dissipative Structure to Order through Fluctuations. John Wiley & Son, New York, 1977.
(30) Norretranders, T.: The User Illusion: Cuttiong Consciousness down to Size. Punguin Books, London, 1999.
(31) Oizumi, M., Albantakis, L. Tononi, G.: From the phenomenology to the mechanisms of consciousness: Integrated information theory 3.0. Plos Computational Biology, 10, e1003588, 2014.
(32) Tononi, G.: An information integration theory of consciousness. BMC Neuroscience, 5: 42, 2004.
(33) Varela, F.J.: Principles of Biological Autonomy. North-Holland, New York, 1979.

第5章　社会の存立構造から時間の存立構造へ

1　「現代社会の存立構造」における物象化論

日本の社会学に理論的基盤を与えた学者、真木悠介の論考、「現代社会の存立構造」[1]（以下、「存立構造」）が、その高弟大澤真幸によるほぼ同じ長さの解説と共に一冊の書物にまとめられ、復刻された。その内容はいまなお古びることなく、むしろ、パース記号論の拡張や[2]、複雑系の科学における転回、思弁的実在論の進展[3]など、極めて示唆する点が多い。ここでは、この論考の示す理論的広がりを展望し、そこから、時間の構造、現在・過去・未来の存立構造へ転回する道を示そうと思う。それは、止揚によって構造の起源を説明し、止揚の反復として理解される歴史・進化とは異なる時間解読の方法、理解の方法を与えるものと期待される。

「存立構造」は、マルクス自身の転回、すなわち、対象に働きかける主体（S）と働きかけられる対象（O）との二項関係から、主体と対象への分節をもたらす関係（R）を含む三項関係への転回に着目し、後者を理論的支柱に据える。後者は、関係主義とでも言うべき形態をとり、まず関係があり、関係の両端に、関係づけられる主体と対象が物象化すると唱える。これこそが物象化の基本原理として提示されているのだ。しかし、主体と対象は無から形成されるわけでもない。自閉症圏における最も烈（はげ）しい症例において、当初わたし（主体（S））と世界（対象（O））は分離されていない。世界は対象化されず、事物は認識されない。すべての事物およびわたしは、一続きの光の球の連続であり、およそ輪郭というものすらない[4]。内海はこれと、印象派の絵画、とりわけモネにおける光点の配列との類似性を指摘しているが、この指摘は自閉症者の世界を理解する一助となろう。このような烈しい自閉症者において、他者の声は決して届かない。視覚刺激同様、聴覚刺激も輪郭をもたず、対象化されないからだ。しかし、なんらかのきっかけで、ひとたび他者の声が「声として」認識されると、未分化な光点の配列は、わたしと世界に分節され、世界は、注意を向けて知覚される対象と背景とに分節される[5]。他者の声は、わたし（S）と対象化された世界（O）との分化をもたらすものであり、われわれという類を個の集まりとは異なる次元に開設する、関係（R）それ自体に他ならない。

他者の声によって裂開を与えられ分化するわたしと世界は、無から突然魔法によって出現したわけでもない。予め実在していたものが、他者の声によって再現前＝再発見されたと考えるほうが合理的だ。この限りで、関係（R）が主体（S）と対象（O）をもたらすという機制は、主体・対象・関係の三項関係に回収される。それは、第一に、パースの三項関係に対比されるものである。対象は記号表現（パースの用語で表意体）、主体は記号内容（パースの用語で対象、「存立構造」における対象との混乱を避けるため、パースの意味で用いるときは記号内容と呼ぶことにする）、関係は解釈項に対応する。対象とは意味を与える記号であり、主体はその記号の意味を発現する場所であるからだ。主体、対象の二項関係は、いかなる環境、いかなる文脈においても唯ひとつに決定されるわけではない。自閉症者の例のように、他者の声のない状況では未分化な状態をとり、他者の声によって分化する。つまり関係とは、区別して関係を形成するという関係をも特殊な関係として位置づける、大文字の関係であり、文脈である。したがってそれは、パースの三項関係における解釈項に対比されるべきものとなる。

「存立構造」は、明確な輪郭を持たず、実体化していない主体、対象、関係の個物化の解読こそを、論考の最終目標に掲げている。それは第一に、疎外され空疎化されることで存立する主体の存立構造であり、第二に、物神化の機制、主体に従属し受動的であった対象が神として主体を隷属させる物神の存立構造であり、そして第三に、関係性、媒介性の物象化である。以上の全体を図5－1に示そう。ただし、主体、対象、関係とは、現象を解読する際に注目する様態である。価値と商品の媒介が物象化して出現した貨幣を、対象の様態において解釈することで、貨幣の物神化は理解されることになる。

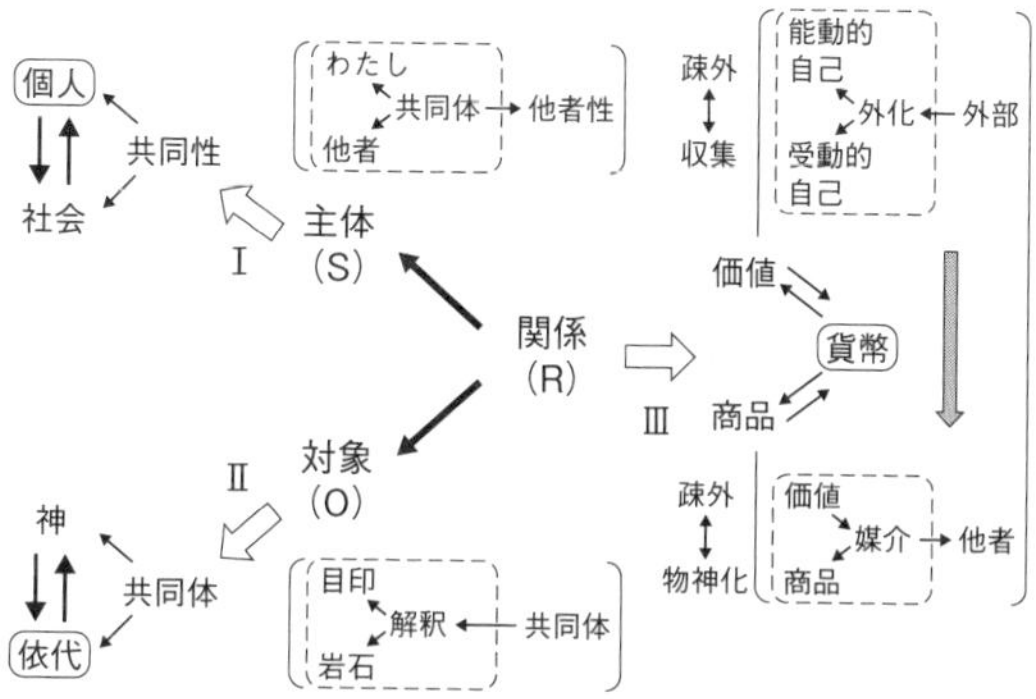

図5－1　主体、対象、関係の三項関係がもたらす物象化

図5－1は、主体・対象・関係の基本構造（三項関係）を中心に描き、主体の個物化（Ⅰ）、対象における個物化（Ⅱ）、関係における個物化（Ⅲ）過程の各々を、太い白抜き矢印で示している、個物過程の結果、個物化された実体が、各々の三項関係図式において、四角で囲われている。個物化過程の途中経過を、各個物化過程図式の周辺に、括弧で囲んで描いている。各々を順に説明しよう。

主体の個物化（Ｉ）は、わたしと他者の関係性が背景へと退くことで実現される。図５－１において主体（Ｓ）の上部に描かれた括弧内の図にあって、点線で囲まれた領域が、共同体に内属する、共同体的な主体である。わたしと他者の関係性はまだ外在化されず、わたしが社会から疎外されることはない。この点線の領域＝共同体的主体から、外部性が退くとき、わたしの内部にあった他者性は外部に措定される。こうして、わたしは、社会から境界づけられ、確定的輪郭を与えられた市民社会における個人となる。互いに疎外されるわたしと社会は、共同性によって媒介されるしかない。実際、「存立構造」において、外部が退くという表現、もしくは背景化という表現は用いられない。しかし、「存立構造」における他の個物化に関する説明に鑑みるとき、関係～文脈は、その外部とも不分明に繋がり、それによって、明示的に現れる関係は或るとき具体的確定的で、或るとき一般的で不明瞭なものになると理解される。この限りで私は、共同体的主体から外部性が退くという表現を与えたのだ。

対象における物象化（II）は、主体の個物化（Ｉ）とは逆に、外部が浸出してくることで説明される。村のはずれにあって目印として使われていた岩は、地理読解という文脈・解釈項において、岩石という記号表現が目印という記号内容を持つことになる。この三項関係が、図５－１対象（Ｏ）下部に示された、括弧内の図における点線で囲まれた領域である。地理読解という特定の文脈の外部に、より一般的な文脈、記号を使う前提が広がっている。それは、記号を使う共同体という前提である。この、共同体という前提が前景化して記号表現・記号内容を関係づけるとき、共同体それ自体の根拠が、記号内容へ転移することになる。こうして、岩石には神が憑依（ひょうい）し、岩石は神の依代となる。ここに岩石は岩でありながら御神体であり、意味を二重化させている。

関係における物象化（III）の例として、図５－１では貨幣としての個物化をあげている。それは、まず外化を通しての内化に、外部が侵入することから出発する。図5－1関係（R）横に示した括弧内上部の、点線で囲まれた三項関係が、外化を通しての内化を表し、その領域の外に示された外部が、外化を通しての内化を疎外する外部である。自らの内にある空腹を、自ら料理を作って（空腹の原因を外化）満たすとき（外部の料理が内化）、外化を通した内化が実現される。外化（料理）へはたらきかける（外化への矢印を有する）能動的自己は欲望を有し、外化からの矢印を受ける受動的自己は、内化を享受する。この三項図式の外部こそ、外化されたものを収奪する者であり、折角の料理を横取りする者である。

こうして、ひとたび外化されたものが、すぐさま内化されることなく、停留し、運搬可能、蓄積可能となるとき、商品の交換が実現されることになる。ここに、商品交換の競合が起こり、その中から最も多く交換されることになる商品が、結果的に選択される。選択された商品は、他のすべての商品にとって、共通の他者、共通の対象としての性格を押印される。すなわち、本来的な意味での外部性・他者性は背景へと退き、超越者としての、記号化された他者が、選択された商品＝媒介者に付与されることになる。図5－1関係（R）横に示した括弧内下部の、点線で囲まれた三項関係から他者の退く図が、この、記号化された他者性を付与された媒介者を表している。それこそ、関係の物象化＝貨幣の起源、を表すものである。

貨幣の更なる物神化、主体と対象の転倒は、前述のように、さらに貨幣を対象の様態、主体の様態において解釈することで理解される。関係の様態において物象化された貨幣は、対象の様態において神格化され物神化を完成し、主体の様態において、貨幣を主体的に扱っていたはずの我々を、貨幣のみを求めるシステムに隷属する対象へと貶める。ここに主体であった我々と対象であった貨幣とは、主体・対象の関係を転倒することとなる。

「存立構造」の議論は、しかし、システム論的である点も否めない。ここで言うシステム論とは、情報の発信、受信地、情報の担い手、情報それ自体の確定に困難はなく、その確定は自明であり、現象理解の問題は、情報の運搬様式、運搬経路のみにあるとする議論の在り方を指している。外化を通しての内化、剰余価値、過剰人口などは、予め自明なものではない。わたしの内に存在することが自明であると想定できる欲望を、外部へ運搬し、処理、加工して再度、わたしの内に運ぶ。外化を通しての内化は、そういった運搬をイメージさせる。しかし現実には、わたしの内に以前なかった欲望が、或る環境、或る文脈の変化に呼応して出現し、そうして初めて個物化された欲望として現前するのである。つまり、外化以前の内化にあって、欲望という記号表現と、欲望が意味する具体的記号内容の対をもたらす解釈項（文脈）の変化・深化、もしくは前景化・背景化があり、わたしの内に対する見立てが変質している。剰余価値についてもそうだ。剰余価値、剰余労働もまた、必然ではない。それは対象に対する見立ての変化、解釈・文脈に関する深度の変化を伴わない限り、現れない。過剰人口もまたそうである。労働人口が過剰か否かは、労働の質的変化、何を労働と呼ぶかの見立ての変化によって、いかようにも変化する。つまりそれらは、パースの記号論における解釈項、すなわち「存立構造」における関係の深度変化を伴う違いなのである。

物象化論は、解釈項の深度変化、外部性の前景化・背景化を見失う限り、システム論的陥穽に陥る。「存立構造」の議論は、明らかに解釈項の深度変化を射程に置いている。対象という様態における御神体の物象化での、岩石と神の二重性の指摘はそれを端的に示している。私は、実はこの点にこそ、「存立構造」の展開から転回への可能性があると考える。その意味を、パースの記号論との対比において概観した後、具体的に転回していこう。

2　物象化論に伴う外部スペクトラム

前節で指摘したように、「存立構造」はパース記号論の三項関係に対比可能である。主体・対象二項図式から、主体・対象・関係の三項図式への転回は、解釈・文脈の明示化に留まらず、その前景化・背景化の運動を示唆するものだ。

パースの記号論は、多くの場合、第三項である解釈項・文脈――多くの場合無視される――の意義を指摘するに留まる。例えば生物学に導入された生命記号論[6]は、近似的にでも構造と機能の間に唯一の関係を見出そうとしてきた生物学者に、それなりのショックを与えた。構造と機能の関係など、局所的な環境や文脈に依存して、多様に変化してしまうことが暴かれたのだから。しかし、解釈項を指摘する以上の展開をみせない生命記号論には、その後大きな学問的進展を認められない。

三項関係の記号論は、明示的に規定される解釈項の外部へさえ接続する文脈のスペクトラム――これをここでは外部スペクトラムと呼ぶ――の前景化、背景化に注意を向けることで、新たな転回を期待できる。それこそが、物象化・記号化過程の基本的機制と考えられるからだ。

図5-2は、ブランドの起源を研究する石井淳蔵の指摘する、コカコーラにおけるコピーの進化を示すものだ[7]。コカコーラは当初、薬剤師の試行錯誤的調合によって、できあがったものだ。その出自からいって、コカコーラは薬品の一種であり、或る種の強壮剤だった。当初は薬効を売り出すという

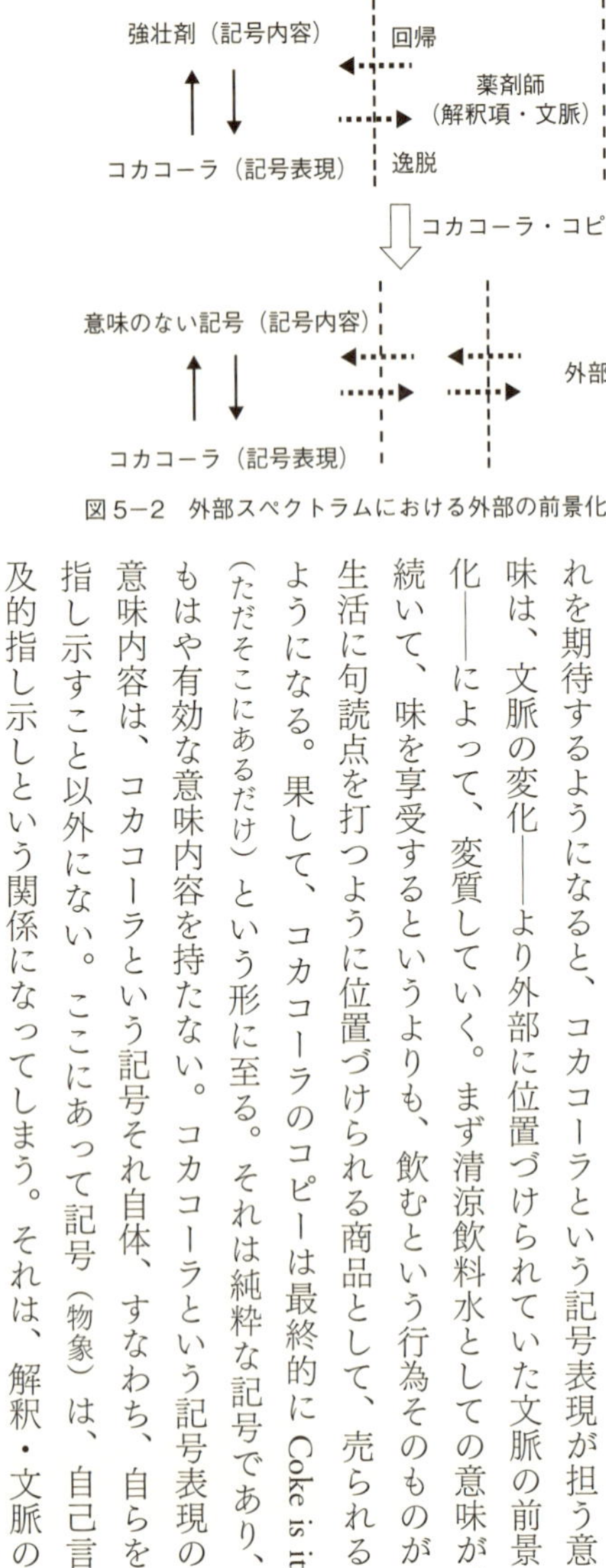

図5−2　外部スペクトラムにおける外部の前景化・背景化

薬剤師的文脈以外、決して想定されることはなかった。ところが、より広範な消費者がコカコーラを飲む兆しをみせ、売り手側もそれを期待するようになると、コカコーラという記号表現が担う意味は、文脈の変化――より外部に位置づけられていた文脈の前景化――によって、変質していく。まず清涼飲料水としての意味が、続いて、味を享受するというよりも、飲むという行為そのものが生活に句読点を打つように位置づけられる商品として、売られるようになる。果して、コカコーラのコピーは最終的にCoke is it（ただそこにあるだけ）という形に至る。それは純粋な記号であり、もはや有効な意味内容を持たない。コカコーラという記号表現の意味内容は、コカコーラという記号それ自体、すなわち、自らを指し示すこと以外にない。ここにあって記号（物象）は、自己言及的指し示しという関係になってしまう。それは、解釈・文脈の最も外部、意味の特定が果てしなく弛緩した外部が、コカコーラという記号表現、記号内容の間を関係づける解釈項として前景化され、出現したのである。記号論における外部スペクトラムは、明示的三項関係とその外部との境界を変化させる。それこそが、記号化・物象化を解読してくれる。

記号論における二項関係と三項関係の対比について、田中久美子は計算機科学を仲介し論じている。[8]
そこではソシュールの二項関係におけるシニフィアン（能記・意味するもの）とシニフィエ（所記・意味

されるもの）の各々が、パースの三項関係における記号表現、記号内容に対応づけられ、パースの解釈項が、対応の付けられない第三項に位置づけられている。これは極めて妥当な対応だ。田中はさらに、二項関係と三項関係との相違を、計算機言語に言及しながら、文脈すなわち解釈項の深度に求めている。プログラム言語は、関数型言語とオブジェクト指向言語に大別される。関数型言語では、シニフィエに相当するデータ構造とシニフィアンに相当する名前との成す構造が、プログラム全体に対して局所的な細目を構成している。プログラム主要部分は、局所的な細目の貼りあわされた全体として構想される。関数は、この主要部分外部に位置し、各細目構造から、必要に応じて呼び出され、使い回される。つまり、関数はその外部に退き、二項関係のみでプログラムの骨子は押さえられるというわけだ。

オブジェクト指向言語では、局所的細目の各々の内部に、関数が内蔵している。この細目の貼りあわされた全体をプログラムの主要部分と考えると、ここには、データ構造、名前、関数の三項関係が見出される。シニフィアンと記号表現、シニフィエと記号内容との対応から、関数を解釈項に対応づけるとき、オブジェクト指向言語はパースの三項関係に対応すると考えることができる。このように二項関係と三項関係とを対比するとき、第三項である解釈項は、記号世界に前景化し陽に現れるか、退いて背景化するものと考えることができるだろう。田中はプログラム言語のプロトタイプとしてラムダ算術を取り上げている。我々はここに、適用するもの適用されるものの二項関係に、再帰的使用を陽に記載したベータ簡約を加え、全体として三項関係を見出すことができる。

私は、ラムダ算術が[9]、計算の外部にさえ接続する解釈・文脈のスペクトラムの、前景化、背景化の意味を考える、とてもよい素材になると考えている。計算とは基本的に記号の書き換え、代入である。

それこそが、言語における再帰構造を作り出す。再帰構造とは、「私は嬉しかった」を一部に繰り込んで、「私は嬉しかったことを思い出した」、「私は嬉しかったことを思い出したことを、いまや忘れたい」など、既存の文を呼び出して繰り込み、文を伸ばしていくことだ。これを「それを、いまや忘れたい」として「それ」に「私は嬉しかったことを思い出した」を代入する、と考えるなら、再帰構造は代入によって表される。この代入において「それ」が適用するもの、「私は嬉しかったことを思い出した」が適用されるもの、である。適用するものに、適用されるものを代入していく操作においては、何より、適用するものを指定しておくことが重要だ。「それを、いまや忘れたい」において、「私は嬉しかったことを思い出した」を「忘れたい」に代入してしまうなら、「それを、いまや私は嬉しかったことを思い出した」となり、意味がとれなくなる。

代入は文の意味と無関係な機械的操作であるが、意味を考慮して適切な代入をする必要がある。つまり機械的操作が、その外部に言及する状況がここにある。ラムダ算術では、この問題がアルファ変換という形で認められる。前述のように、適用する、される、代入操作（ベータ簡約）がパースの三項関係を形作る。アルファ変換は、この三項関係を維持するための防波堤のようなものだ。「これをきっかけに、それを思い出した」の「それ」が代入すべき場所を示し、代入されるものは、「これが言いたかった」だとしよう。代入によって、「これをきっかけに、これが言いたかったことを思い出した」となる。ところが、それに代入されるべきものが判然とする以前に、「これをきっかけに」の「これ」には、「猫が目の前を横切った」を代入したかったとする。ここで、代入場所、代入文を順序づけて予め決めておく。例えば、以下のようになる。

代入場所　第一に「それ」、第二に「これ」
文　「これをきっかけに、それを思い出した」
代入する文　第一に「これが言いたかった」、第二に「猫が目の前を横切った」

このように、順番に代入することにする。これに従うとき、第一の代入によって「これをきっかけに、これが言いたかったことを思い出した」となるが、第二の代入では二つのこれに「猫が目の前を横切った」を代入することになるため、「猫が目の前を横切った（こと）をきっかけに、猫が目の前を横切った（こと）を思い出した」を得ることになる。思い出した内容は、猫が横切ったこと自体と違うものでなければならない。そうでないと、文意が通らない。

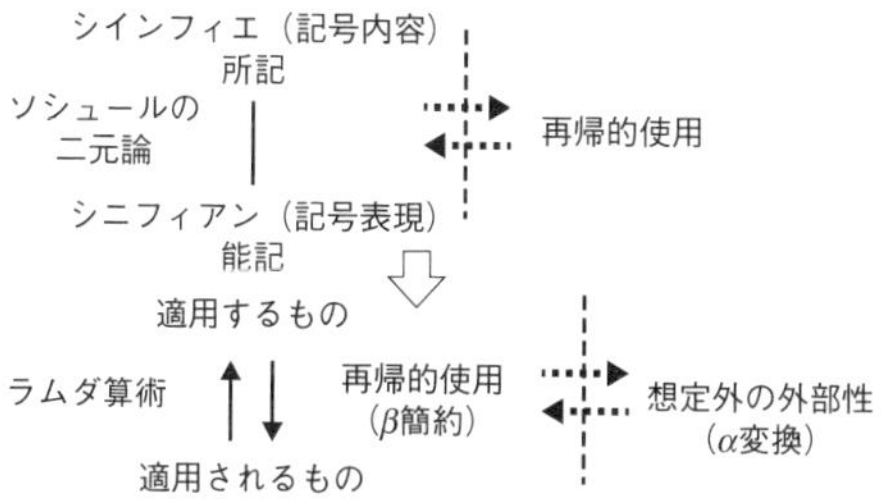

シインフィエ（記号内容）
所記
ソシュールの二元論
シニフィアン（記号表現）
能記
再帰的使用
適用するもの
ラムダ算術
再帰的使用（β簡約）
想定外の外部性（α変換）
適用されるもの

図5－3　当初想定された再帰構造の三項関係外部に言及するアルファ変換

　このような、想定外の代入に関する誤りを防ぐ仕組みが、アルファ変換だ。例えば第一に代入する文の「これ」を「そう」と置き換えてしまえば、最終的に、「猫が目の前を横切ったことをきっかけに、そう言いたかったことを思い出した」が得られることになる。こうしてアルファ変換は、代入すなわち言葉の再帰的使用に関する外部に言及する装置として、働くことになる。

　以上の状況を図5－3にまとめておこう。当初、記号に関して記号内容と記号表現で十分だった。使用の状況はあえて明示しなくても自明だったとしよう。このとき言語についての記述は、意味するもの、意味されるもの、の二項関係で十分だ。その外部に位置していた言語使用の規則——例えば再帰的使用——を明示したとき、三項関係が現れる。しかし、これで完結するわけでもない。再帰的使用をベータ簡約で規定した当初には想定できなかった、同じ記号を使ってしまうという問題が現れ、アルファ変換が導入されたわけだ。

アルファ変換もまた、問題を完全に押さえ込めないだろう。代入する場所を予め指定し、代入される文が含む代入場所との混同を避けてアルファ変換を行うには、代入以前に、代入されるものについて完全な知識を持っていないといけない。したがって第一に、代入が外部とのやりとりを意味し(もしくはそのように自然な拡張を目論むとき)、それによって知識を増大させる操作と規定できるなら、アルファ変換は未来を知る操作を含むことになる。そのためには、まだ実現されていない事前を、知らないといけない。それは正攻法では不可能だ。第二に、代入する場所の指定は、機械的操作と考えることができる一方、アルファ変換は、文全体の意味のような、代入操作と独立な意味論やそれを理解するための文脈に繋がっている。機械的操作は、しかし時間を消費するため、いかにして時間を節約するかという問題と切り離せない。時間に関する効率を考える限り、意味論を考慮して代入場所に混同があるか否かを評価する方法は極めて有効となる。つまりアルファ変換は、なんらかの方法で、機械的操作外部に言及する必要を持つ。しかしそれは一般には不可能だ。以上二点から、操作外部に言及する操作は、連続的に徹底した外部にまで及ぶと考えられる。アルファ変換はその尖兵(せんぺい)に過ぎない。

計算機言語においてすら、外部スペクトラムの問題は無視できない。機械的操作のみに留まり、意味論的問題、文脈にまつわる問題を排除しようとしても、排除しきれない。文脈・解釈は、或るとき徹底して背景へと退き、或るとき前景化して外部性それ自体を物象化・記号化する。この外部の前景化・背景化は、外部への深度を深めるほど一般化される。コカコーラの場合、特殊な効能を持った或る種の薬品から、薬品に拘泥しないなんらかの薬効のある飲料、特に薬効をうたわない清涼飲料水、飲むこと自体が娯楽となり得る飲み物、ただそこにあればいい何か、といったように、コカコーラの特徴は次第に曖昧で一般的なものへと変遷していった。それはコカコーラを規定する文脈・外部性の変遷である。より外部に位置づけられていた、より一般的な文脈が前景化することで、コカコーラはより一般的となり、特徴を消去されていった。いや特徴などいらないものへ変質したのである。

したがって前景化・背景化を短期間の内に実現するとき、対象は、個物であり、同時により普遍的・一般的な存在という、二重性を持つことになる。大きな花崗岩(かこうがん)が、同時に御神体であり、紙切れである紙幣が、同時に任意の商品と交換できる特別な存在であるように。果たして結果的に見出されるこの二重性は、外部の前景化・背景化の帰結である。まさに「存立構造」の著者である真木悠介から、大澤真幸は文脈の二重性と物象化の問題を継承し、遠心化・向心化という概念を導き出したのである(10)。それは外部の前景化・背景化と極めて近しい概念装置である。

しかし外部の前景化・背景化はいかにして実現されるのだろうか。外部の到来は、まれびとのような蓋然的現象なのだろうか。私は、ここにこそ、物象化から出発する最大の問題が潜んでいると考えている。そして、この点において、我々は「存立構造」を時間論へと転回し得るのだ。それには少しばかりの迂回が必要になる。それは逆ベイズ推論という、脳科学で議論されつつある迂回路だ。

最近数年にわたり、イタリアの物理学者アレッキとその同僚は、人間の意思決定に含まれる認知過程に関して、極めて重要な論点を提供し、モデル化を試みている。[11] 議論の鍵となるのは、アプリヘンジョン(直観的知覚)およびジャッジメント(比較判断)という外部刺激に対する応答過程で、これらがベイズ推論に関わっていると主張される。アプリヘンジョンは単一の外部刺激に対する神経活動の応答であり、ジャッジメントは連続する複数の刺激に対し、比較して相関を見出す過程である。アレッキは、アプリヘンジョンをアルゴリズミックな計算過程とみなし、ベイズ推論[12]で実装可能と唱える一方、ジャッジメントは極めて困難な計算過程となり、通常の逐次的計算過程として実装不可能と唱える。この不可能な計算を実現するには逆ベイズ推論が必要となるが、逆ベイズ推論自体が逐次的計算で実装できるようなものではなく、ここには量子論的な効果が必要となる。これがアレッキの論点である。彼はその理論から、ジャッジメントに要する時間が、アプリヘンジョンに要する時間の高々三倍程度に過ぎないと予測し、実験による検証を始めている。[13] 以上について、順を追って説明しよう。

脳科学とは、神経活動の相関として、意識活動を理解しようと目論む科学である。しかし神経活動を司る神経細胞は、特定の刺激に対して、常に同じ反応を示すような安定的存在ではなく、絶えずカオスの海に曝されている。この限りで、各神経細胞は互いに他の神経細胞と相互作用する、カオス力学系と考えられるようになった。[14] つまり脳は、外部からの入力がなくても、カオス力学系の相互作用として協調的相関をつくりながら、そこから逸脱し、絶えず協調とカオスの間を行きかう振る舞いをすることになる。だから、外部刺激に対する応答はボトムアップ的な外部からの入力と、トップダウン的な神経細胞による外部刺激解釈との相互作用によって実現されることになる[15]。

脳内神経細胞は、外部刺激のもとで、集団ごとに協調的同期現象を作り出し、この同期集団が、外部刺激に対する特定の解釈を実現することになる[16]。こうして脳の中には、一個の刺激に対して、多数の同期集団、多数の解釈が同時進行することになる。この後、同期集団のうちで、最も大きな同期領域をつくる集団が、同期集団間の競合に勝ち、最終的に外部刺激を解釈することになる[17]。以上の過程は、そのままベイズ推論過程として表すことができる。ベイズ推論では、データも仮説（解釈）も確率分布として表され、データや仮説の組み合わせは条件付確率として表される。このときベイズ推論とは、与えられたデータと仮説、特にデータの影響を受けていない仮説の分布――これを事前仮説という――から、データを解釈するのに最も適した仮説――これを事後仮説という――を得る推論過程をいう。事前仮説とデータ、事後仮説は、ベイズの公式によって関係づけられている。

ベイズ推論は、工学的な最適化過程と考えることができるから、最適解を山頂とする登山に対比可能だ。ここで登山者は、山の全体を見渡すことができず、登っている山における自分の位置だけを知ることができる。データは山における登山者の位置、仮説の全体は山の地理であり、事前仮説は、登山者の位置における可能な一歩分の経路である。このとき登山者は、最も傾斜のきつい経路を選び、一歩を進める。選ばれた一歩分の経路が事後仮説だ。この過程を繰り返し、一歩ずつ前進するとき、登山者は最終的に山頂に至ることになる。登山者にとって、山の全体と自分の位置という局所的な点とを結ぶ情報は、経路の傾斜角だけだ。したがって山が富士山のような、凹凸のない滑らかな表面を持つ単独峰であるなら、この登山法は極めて有効となる。

アプリヘンジョンは、単一の外部刺激に対する応答で、比較のための逡巡を伴わない。アレッキによれば、草むらが揺れたことに気づいて逃げ出すウサギは、それが風でゆれたのか、潜んでいた天敵によって揺れたのか、逡巡することはない。事後仮説は、いくつかの仮説から自動的に選ばれるだけだ。これに対し、複数の刺激が連続的に入力される場合や、単一の刺激に対して過去の刺激が想起され、現在の刺激と記憶の中の刺激で比較が伴う場合はどうなるか。アレッキはこれを前述の登山過程になぞらえ、複数の刺激の対比においては、山体が複数の峰を持つ複雑な地形に変化すると説明する。富士山のような一個の山体に、複数のデータが与えられたとしよう。立っている登山者の位置に、複数の位置——局所的地理——が重ねられることになるから、登山者は、富士山を登る場合ですら、複数の富士山をずらして重ね合わせたような地形を登るよう、錯覚することになる。もちろん連続するデータは、過去のものほど曖昧になるから、完全な富士山のコピーが重ねられるわけでもない。こうして、登山者は、高さの異なる歪んだ富士山がずれて重なった複数の峰を有する山地を登ることになる。

複数の峰を持つ山体において、いかにして最も高い山頂に辿り着くことが可能か。明らかに、ベイズ推論を適用するだけでは不可能だ。傾斜の強い経路を選ぶ限り、最初に立った場所に依存して、多くの場合、局所的に高い到達点に達することはできても、山体全体の中で最も高い峰に到達することは不可能だ。なにしろ一度高みに達すると、降りることができないため、局所的な高みから一度降りて、より高い頂を目指せないわけだ。これを克服するために、どうしたらよいか。登山の対比を続けるなら、現在位置の傾斜だけではなく、同時に広域的展望を利用して地形を把握すればいいだろうと思いがちだ。アレッキもまた、そのような地形にとっての意味論的情報を利用して、逐次的な計算を助け、問題を解決する可能性について言及している[18]。しかしそれは不可能だ、と彼は述べる。逐次的な計算（機械的な計算処理）と意味論の相互作用は、真か偽か決定不能なゲーデル文を作り出し、結局頂上を到達不能にしてしまう、というのがその理由だ。別言すると、現在位置と現在位置を含む広域的景色は、部分と全体の関係を有し、両者を同列に扱うことは、「この文は嘘である」といった自己言及文のような構造を作り出してしまう。結局登山者は、部分と全体の間を経巡り、同じ場所を堂々巡りして頂上へ辿りつけないというわけだ。

ジャッジメントは正攻法によって決して解決できない。ここでアレッキが提案する方法こそ、逆ベイズ推論なのである。[19] アレッキの定義する逆ベイズ推論は、ベイズの公式を用いて事前仮説と事後仮説を移項し、入れ替えるだけで得られる。データと得られた事後仮説から、事前仮説を導く過程が逆ベイズ推論ということになる。しかし、アレッキの逆ベイズ推論は式の上では可能だが、現実には不可能だ。ベイズの公式自体に事前、事後といった時間的順序を意味する概念は含まれていない。だからこそ移項が可能となるわけだが、逆に事前、事後と名づけた途端、ベイズの公式において移項は禁じられるのだ。これに抗して逆ベイズ推論を構想することは、通常の方法――逐次的にアルゴリズミックに計算する方法――では不可能でありながら、なんらかの抜け道的方法において可能であることと、を示唆するに他ならない。アレッキはそこに、逐次的ではなく非局所的相関を持ち込んだ量子論――的な――計算が潜んでいると主張するのである。

4　時制において逆ベイズ推論を構想する

逆ベイズ推論は、事前・事後を時間軸に沿って考える限り不可能だ。しかしまさに公式において移項を実現できるように、事前、事後は時間軸と無関係な意味的空間において構想できるだろう。私は、そのような意味的空間こそ、時制であり、時制とは言語においてのみ現れるものではなく、広く人間の知覚、情動に食い込んだ概念だと考えている[20]。

時制を構造として考えるために、トップダウン的な神経細胞の挙動――カオス力学系的な挙動――と、ボトムアップ的な外部入力との相互作用を、意味的な曖昧さに関する近似過程によってモデル化しよう。この近似過程は、概念に関するものであっても、視覚情報のような二次元画像情報のようなものであってもかまわない。重要な点は、外部刺激が何であるかを解釈するにあたり、解釈がトップダウン的な力学系として、予め構造化されているものの、その解釈の程度は、多様であるという点だ。同じ入力に対しても、粗い近似や細かい近似など、多様な表現を可能とする。それは、カオス力学系が相互作用する際の振る舞いを実装したものだ。実際、近似過程を力学系で実装するとは、認識の単位を設定することであり、近似表現とは、その認識単位の集まりとして表現されることになる。この認識の単位が、近似を特徴づけることになる。

例えば概念的な、「ネコ」というデータが入力されたとする。これに対する粗い近似とは「哺乳類」であり、細かい近似とは例えば「三毛猫」である。異なる力学系――異なる近似過程――においては、粗い表現は「温血動物」であり細かい表現は「日本ネコ」となるだろう。或る近似レベルでどのような具体的表現になるかは、認識の単位がどのようなものになるか、に依存して決まるわけだ。

つまり、脳内では動物に関する分類の仕組みとして力学系が準備されており、外部刺激がデータとして入力されると、或る近似表現が出力されるというわけだ。ここで、データと粗い近似、細かい近似との関係を考えてみると、粗い近似はデータの必要条件、細かい近似はデータの十分条件になっていることがわかる。AならばBが成立するとき、AはBの十分条件、BはAの必要条件という。「三毛猫」ならば「ネコ」と言え、「ネコ」ならば「哺乳類」と言えるわけだから、「三毛猫」がネコの十分条件、「哺乳類」がネコの必要条件となることは明らかだ。相対的に十分条件であるものは、データに対し、より確実で鮮明な近似表現になっている、と言っていいだろう。

私は、近似における確実さ、鮮明さの程度こそ、時制である、と考えている。起こったこと、事後のことは確実で動かしがたい。我々は一般に、そう信じている。それは過去がそうだからではなく、むしろ確実さによって過去を作っているからと考えられるだろう。逆に、いまだ起こっていないことは、確定されないがゆえに不確実である、と我々は信じている。やはり、ここでも不確実、不鮮明であることによって、未来もしくは事前という概念をつくっている、と考えられる。

このような近似過程という枠組みにおいて、我々はベイズ推論、逆ベイズ推論を実装できる。まず事前仮説、データ、事後仮説の三者を、確実性に関して順序づけられた近似表現、すなわち、必要条件的近似、データ、十分条件的近似と対比することにする。これらは、先の具体例における、「哺乳類」、「ネコ」、「三毛猫」である。このときベイズ推論とは、事前仮説とデータから事後仮説を計算することであったから、近似過程に関するモデルでは、必要条件的な粗い近似とデータから、十分条件的な細かい近似を得ることに対応することがわかる。予め脳内に与えられた認識単位を用い、データに少しでもかかる認識単位を集めれば粗い近似が得られるが、そこからデータを完全に取り込めない認識単位を捨てていけば、自動的に十分条件的単位は得られることになる。粗い近似表現はデータを覆っているので、情報を捨てるとき我々はデータを知っている。つまりデータに含まれる最大の概念として認識単位の集まりを決定することが、情報を捨てるだけで可能となる。こうして、データ「ネコ」に対する必要条件的近似「哺乳類」から、条件を満たさない認識単位を捨てていくとき、自動的に「三毛猫」が得られることになる。

他方、逆ベイズ推論、データと事後仮説から事前仮説を得る過程は、データに対する細かい十分条件的近似から、粗い必要条件的近似を得ることと考えられる。ここでは情報を増やさなければならない。既に近似された表現「三毛猫」から認識の単位を付加し、概念を拡張して、必要条件的近似を得なければならない。しかし、例え情報の単位が決まっていても、「三毛猫」からどこまで単位を付加し概念を拡張していいのか、決まらないのである。「三毛猫」は、概念の拡張に関して「ネコ」に至る認識単位の付加の方法を失っている。「三毛猫」という近似表現が確定されることで、「ネコ」という概念は失われている。だから、どこまで認識単位を付加し概念を拡張すれば「哺乳類」に至るのか決定できない。情報の付加は、「温血動物」を意味するかもしれないし、「日本ネコ」を意味するかもしれない。この意味で逆ベイズ推論は、正攻法では不可能なのである。

近似過程として実装された逆ベイズ推論は、いかにして可能だろうか。それは認識の単位を変え、単位の付加の意味を変えてしまうことで可能となる。「三毛猫」から出発して以前の認識単位ではなく、例えばもっと一つ一つの単位が粗く大きな認識単位へジャンプするのである。それは、近似様式自体、もしくは近似様式を与える力学系自体を変質させることを意味する。このジャンプによって、認識単位を一回り分拡張しただけで、自動的に「哺乳類」が得られるような認識単位の変化はあるだろう。それは厳密にはわからないが、以前の認識単位より大きな単位を採用し、一回り分認識単位を付加する戦略は、「哺乳類」という「ネコ」の必要条件的近似を得るための次善の策となるだろう。こうして、逆ベイズ推論は、正攻法ではない方法で可能となるのである。

私は、滋賀大学の園田耕平、ブリュッセル自由大学のバシリと、以上の方法を数理的に構成するとき、第一の認識単位と、逆ベイズ推論を可能とするために導入される第二の認識単位とが、特別の関係を持つことを示した。[21]その特別な関係とは、古典論理ではなく、むしろ量子論と関係のある代数構造なのである。ここでアレッキの議論に戻るとき、次のように言えるだろう。彼は、アプリヘンジョンとジャッジメントの各々をベイズ推論と逆ベイズ推論によって実装し、後者は量子論的効果に起因するだろうと思われる、ノンアルゴリズミックなジャンプを内包するだろうと主張した。これに対して本章では、ベイズ推論と逆ベイズ推論を近似精度という順序を有する近似過程において実装し、正攻法でのベイズ推論の可能性、逆ベイズ推論の不可能性を示した。その上で、逆ベイズ推論を可能とするような認識単位の変更・ジャンプを導入すると、そこに量子論的構造が認められたというわけだ。この意味で本章の議論はアレッキの議論と極めて整合的である。

さて私は、「存立構造」に見出された外部スペクトラム、外部の前景化、背景化を時間論へ転回するために、アレッキの議論へ迂回すると述べた。そこで、ベイズ推論、逆ベイズ推論の議論を、「存立構造」で見出された三項関係と外部スペクトラムとの関係において図式化し、時間論への転回を示そうと思う。

図5－4Aは、ベイズ推論、逆ベイズ推論を支える三項関係——データ、事前仮説、事後仮説の

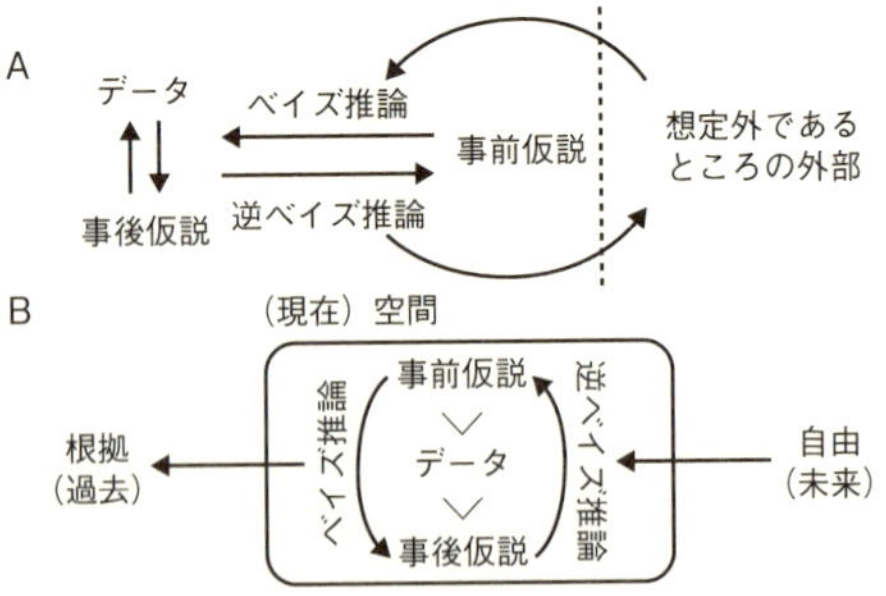

A
データ
事後仮説
ベイズ推論
逆ベイズ推論
事前仮説
想定外であるところの外部

B
（現在）空間
事前仮説
データ
事後仮説
ベイズ推論
逆ベイズ推論
根拠（過去）
自由（未来）

図5－4　A）三項関係として理解されるベイズ推論・逆ベイズ推論と外部スペクトラムの関係。
B）図式Aにおける外部の二つの役割を区別し、配置を並べ替えた図式。

関係を示している。意思決定の結果として現前するのは、データとその意味もしくは意味を与える事後仮説である。データは図5－1における対象、事後仮説は図5－1における主体に対応することは明らかだ。そしてこれらを関係づける解釈項であり文脈が、データと事後仮説を関係づける事前仮説である。したがって、ベイズ推論は、事前仮説によって、データと事後仮説の関係づけを与える処理過程と考えることができる。それは同時に、事前仮説からデータとの共同を経由して、事後仮説を得る過程と考えることもできる。逆に、逆ベイズ推論は、データと事後仮説から事前仮説を得る処理過程となる。したがって図5－4において、逆ベイズ推論が指示する矢印の向きはベイズ推論と逆になる。

重要な論点は、三項関係外部（図5－4Aにおける縦点線の右側）の役割である。それは三項関係のさらに外側に退き、事前仮説という解釈の背景を成す外部である。だからそれは、三項関係内部で問題なく処理過程が進行する限り、それに根拠を与える外部、経験的外部として働くことになる。根拠がまさに経験されたことによって根拠になっているか否かは、実は定かではない。無自覚に問題なくベイズ推論のような処理が運用されるとき、根拠は根拠を求められるときだけ、言及されるのである。逆に、逆ベイズ推論においては、外部は積極的に呼び込まれる。外部に存在する別な可能性、いま運用されている近似のための認識単位とは異なる認識単位、が必要とされ呼び込まれる。外部は、やってくるのではなく、逆ベイズ推論において引き寄せられるのである。結果的に、ベイズ推論における外部の背景化、逆ベイズ推論における外部の前景化を見出すことができる。しかし外部は、三項関係内部での処理と独立に、たまたまやってきたり、たまたま退いたりするのではなく、三項関係内部の処理と連動して、前景化、背景化していると考えられるのである。

さてここまでくると、時間の存立構造を見出すことは簡単だ。図5－4Aを図5－4Bのように書き換えてみよう。まず三項関係を成す事前仮説、データ、事後仮説を、近似精度の順序に従って並べ替えてみる。図5－4Bにおける下向きのV字記号は、下位へいくほど近似精度が上がり詳細な表現となることを表すもので、その意味で、四角で囲われた領域は、不確定な事前、確定的な事後を順序づける時制の構造、現在における意味論的な空間を表すものである。このとき事前仮説から事後仮説（粗い近似から詳細な近似へ）を導く矢印がベイズ推論、事後仮説から事前仮説を導く矢印が逆ベイズ推論を表している。重要な点は、外部が、ベイズ推論では経験的根拠として機能し、逆ベイズ推論では取り込まれるべきカオスとして機能するという点である。その各々の役割は双対的で、むしろ反転した関係にある。そこでこの外部性の機能を軸の端成分として描くとき、過去と未来が、その極限として開設されることを理解できる。背景に退き、現在におけるベイズ推論を根拠づけるものが過去であり、前景化することで絶えず現在における逆ベイズ推論を補完するものが未来である。過去は、根拠を与えるに違いないと思われる外部の消極的様相の極限的様態であり、未来は現在へ変化とカオス、自由を授けてくれる外部の積極的様相の極限的様態と考えられる。こうして我々は、時制における処理を粛々と進行せしめ、その根拠として絶えず背景化する外部の極限＝過去と、変化・自由を補完するために絶えず前景化する外部の極限＝未来の間を生きることになる。不断の背景化によって過去は過ぎ去り、不断の前景化によって未来はやってくる。このように仮構される過去、未来だからこそ、実は根拠として想定されながら一度も経験されなかった純粋過去や、過剰に要請されることで、決して到達し得ないのに知っている未来があり得るのだ。

5　むすび

以下に簡単なまとめを示そう。第一に、「存立構造」の基本思想は物象化論であり、物象化の基本に、関係から、それが媒介する対象と主体、を形成する物象化の原器を与えている。「存立構造」は、ここから多様に顕在化した、（マクロな）物象化過程を説明する、という戦略をとっている。第二に、関係、対象、主体の三項関係は、パースの三項関係に対比可能な概念で、物象化は、三項関係における解釈項が徹底した外部にさえ接続し、外部スペクトラムを構成し、その前景化・背景化によって実現されるものと考えられる。第三に、認知におけるベイズ推論、逆ベイズ推論は、近似表現の精度などに則して時制を構成し、時制の変換処理に関して外部スペクトラムと接続する。特に、事前から事後という時制の変換は、外部に根拠づけられ、事後から事前という時制の変換は、外部を要請する。だから前者は外部を背景化し、後者は外部を前景化する。

第四に、したがって外部の前景化、背景化は、現在における時制の変換という処理過程＝ベイズ変換・逆ベイズ変換＝認知過程、とは独立ではなく、むしろ、認知過程に依存しているのである。第五に、現在において実行される知覚に、根拠を与える外部の極限として過去が、要請されてカオスと自由を与える外部の極限として未来が開設され、知覚する我々は、過ぎ去る（背景化する）過去とやってくる（前景化する）未来の間に生きることとなる。かくして、「存立構造」は時間の存立構造へと転回される。

註

（1）真木悠介・大澤真幸（2014）『現代社会の存立構造／「現代社会の存立構造」を読む』朝日出版社
（2）『パース著作集1』（1985）勁草書房、米盛裕二編訳
（3）郡司ペギオ幸夫（2014）『いきものとなまものの哲学』青土社
（4）ドナ・ウィリアムズ（2008）『ドナ・ウィリアムズの自閉症の豊かな世界』（門脇陽子・森田由美訳）明石書店
（5）内海健（2012）『さまよえる自己――ポストモダンの精神病理』筑摩選書
（6）ジェスパー・ホフマイヤー（1999）『生命記号論――宇宙の意味と表象』（松野孝一郎訳）青土社
（7）石井淳蔵（1999）『ブランド――価値の創造』岩波新書
（8）田中久美子（2010）『記号と再帰：記号論の形式・プログラムの必然』東京大学出版会
（9）横内寛文（1994）『プログラム意味論』共立出版社
（10）大澤真幸（1995）『行為の代数学――スペンサーブラウンから社会システム論へ』青土社
（11）Arecchi F. T.（2011）Phenomenology of Consciousness : from Apprehension to Judgment, Nonlinear Dynamics, Psychology and Life Sciences, 15, 359-375 ; Arecchi F. T.（2007）Physics of cognition : complexity and creativity, Eur.Phys.J. Special Topics 146, 205 ; Arecchi F. T.（2007）: Complexity, Information Loss and Model Building : from neuro- to cognitive dynamics, SPIE Noise and Fluctuation in Biological, Biophysical, and Biomedical Systems – Paper 66 02-36 ; Arecchi, F. T., Farini, A., Megna,N., Baldanzi, E（2012）Violation of the Leggett-Garg inequality in visual process Perception 41 ECVP Abstract Supplement, page 238.
（12）Bayes, Th.（1763/1958）. An Essay toward solving a Problem in the Doctrine of Chances. Philosophical Transactions of the Royal Society of London 53, 370-418［second publication is at Biometrika, 45, 296-315.］
（13）Pöppel, E.（2004）. Lost in time : a historical frame, elementary processing units and the 3-second window. Acta Neurobiologiae

Experimentalis, 64, 295-301

(14) Tsuda, I (2001) Towards an interpretation of dynamic neural activity in terms of chaotic dynamical systems. Behavioral and Brain Sciences 24, 793-810 ; Freeman W.J. (2001) How brains make up their minds, Columbia University Press ; Arecchi F. T. (2004) : Chaotic neuron dynamics, synchronization and feature binding, Physica A 338, 218-237.

(15) Baars, B.J. (1989). A cognitive theory of consciousness, Cambridge, MA : Cambridge Univ. Press

(16) Dehaene, S.and Naccache, L. (2001). Towards a cognitive neuroscience of consciousness : Basic evidence and a workspace framework, Cognition, 79, 1-37 .

(17) Singer, W. (2007). Binding by synchrony, Scholarpedia, 2(12), 1657.

(18) (11) における Arecchi (2011).

(19) (18) と同じで特に逆ベイズの導入がある。

(20) Gunji, YP, Sonoda, k., and Basios V. Apprehension and Judgment leading time structure Proceedings of the Conference on New Challenges in Complex Systems 24-26, Oct, 2014, Waseda University.

(21) Gunji, YP, Sonoda, k., and Basios V. (2016) Quantum Cognition based on an Ambiguous Representation Derived from a Rough Set Approximation. BioSystems 141, 55-66.

第6章　原生意識——多様体・外部を糊代とする層

1　はじめに

生体組織や知覚・運動系のモデルとして、ドゥルーズやデランダは、しばしば多様体を取り上げてきた。[1] 多様体は、任意の点で局所座標系が描ける、拡張された空間概念だ（最も簡単には、局所において平行線の交わらない平面で地図が描ける、地球を想像すればいい）。したがって逆に、多様体とは、例え全体像を見渡せなくとも、局所的描像の貼りあわせによって全体を想像できる、そういった空間だといえる。[2] ドゥルーズが依拠したベルクソンを顧みるなら、[3] 彼の、記憶を実装した知覚の全体は、多様体のイメージに近いものだ。[4] ベルクソンにおいて、知覚される対象、脳内で形成される感覚や表象、これらすべてはイマージュと呼ばれる。イマージュは、質、属性、写像の束（たば）と考えられるだろう。知覚は、このイマージュを結ぶネットワークのノードにおいて形成されることになる。イマージュの一つ一つを、具体的に現前させるものが、ノードの局所に潜む記憶・過去である。[5] それは、局所描像系と考えられる。この限りで、ベルクソンの知覚モデルは、多様体を彷彿させる。

イギリスの分析哲学者バリー・デイントン[6]は、ベルクソンを、意識の哲学における最近の動向の先駆者と評価する。チャーマーズによる意識のハードプロブレム以降[7]、分析哲学もまた、物理主義、還元主義に対する異議申し立てを無視できなくなり、チャーマーズの唱える自然主義的二元論と一元論的汎心論[8]の間を模索することになる。二元論は超えられるべき問題と捉えられる一方、汎心論は組み合わせ問題という困難な問題に直面する。汎心論において、心の存在しない物質から心の創発を説明する困難は、最初から存在する心によって克服される。こうして汎心論は、分子、原子や素粒子に至るまで、心の存在を認める。ところが、全体としての統一体を担保した心が、複数個集まり、組み合わさることで、新たな心をもたらすと考えることは、無際限に集合の集合を考えることと同じになる。だから、ラッセルのパラドックスと同様の困難が、汎心論には見出されてしまう。

汎心論の欠点を克服する思想として、チャーマーズも期待する汎質主義[9]では、重さ、長さなどの物理的測度以外に、冷たさ、赤さなど、経験される内的質が、物質に内在していると考える。すべての対象化された物質は、質の束を伴うことになる。ここでは、知覚する主体となるべき心は、実体化されない。心によって感じられる質の束が、情報のネットワークをつくり、相互作用し、その過程の全体として、知覚する主体、意識や心が立ち上がると考えられる。デイントンは、質の束にイマージュを見出すことで、心の哲学におけるベルクソンの先見性を指摘しているわけだ[6]。

そうであるなら、ベルクソンの知覚・記憶モデル同様、質の束のネットワークもまた多様体によって表現可能であり、心や意識もまた、多様体によって厳密化されるのだろうか。問題はそれほど簡単ではない。第一に、ベルクソンの知覚・記憶モデルは、単に質の束のネットワークというだけではなく、知覚と記憶の接続部に、論理的な総合を拒む困難さ・質的跳躍を孕んでいる。多様体において、それは接空間の開設に伴う困難さとして発見されるはずのものだが、そのような質的跳躍は多様体には見出されない。第二に、汎質主義自体の問題がある。質の束を予め与えようと、やはりそこには局所的な質の現前がある。質を現前させる基底と、質の束の間に、ベルクソンの唱えるような質的断絶と跳躍が見出されねばならないだろう。また対象を質の束として定義しようものなら、現実の質の変化に対応できない。質の束自体に、或る種の不確定性、不定性が必要となる。だから、多様体を導入すれば、本来の意味での汎質主義が表現できるというものではない。

果たして、局所の貼りあわせとして、近似的にのみ構想される全体というモデルは、心や意識のモデルとして妥当であると思われる。ただしそこには、局所の一点一点において、異質なものへの断絶と跳躍・接続が見出されねばならないだろう。そうして初めて、知覚・記憶のネットワークは、過程それ自体として開設される。

心の存在様式として、知覚・記憶のモデルを構想するとき、我々は、多様体の先に何を見出せばよいのだろうか。異質なものへの跳躍・接続とは、外部性、他者との接続を意味している。ここでいう他者とは、人に限定されるものではない。想定される領域の外部、知覚不可能であるにもかかわらず窺い知ろうとされる外部一般のことである。意識、心とは、この外部・他者に対する志向性と考えられる。この志向性こそが、想定可能なものと、その外部の接続という、異質なものへの跳躍を意味している。局所で展開される断片を貼りあわせようとする際に発動されるこの跳躍こそ、私が本章で、原生意識と呼ぶものである。

本章では、第一に、局所を貼りあわせて開設される全体という心の存在様式と、外部との関係性を、ベルクソン[4]および内海健[10]の他者モデルを踏まえて論じる。第二に、局所の貼りあわせとして開設される全体のモデルとして、多様体を吟味し、さらにより抽象的な貼りあわせのモデル、層（シーフ）や層化の概念[11]について吟味する。そして第三に、他者・外部性を核として、層概念を変質させるとき、外部性こそが糊代となって異質な断片を貼りあわせ、異質な断片の共立する心・意識が立ち上がることを示す。糊代となる外部性への志向性は、あらゆる物質的相互作用に見出される。こうして最終的に、原生意識の意味が明らかにされる。

2　イマージュの現前に潜在する外部

属性や質の束としてのイマージュは、記憶の力を借りて現前する。同時に、知覚されたイマージュは記憶へと動員される。知覚されるこのいまは、事象として、時間的にも空間的にも限定されている。それが記憶へ動員され、他の現在だった過去の事象と総合される。過去の中に総合されるとき、それはもはや、なまの断片ではないし、「いまここ」という断片でもない。知覚された「いまここ」は、圧縮され、部分的に情報を消去され、変形・変質して、他の「いまここ」という断片に貼りあわされ、過去の中に埋め込まれていく。こうして、総合された全体としての記憶―過去は、常に外部からもたらされるなまの情報、なまの外部刺激を待ち受けている。なまの外部刺激は過去との接続によってのみ、具体的な〈いまここ〉として現前する。過去が存在しない限り、なまの情報は〈いまここ〉として再構成され、形を得ることはない[12]。

断片としてのなまの情報と、過去の介在によって実体化する〈いまここ〉。両者の関係を考えるとき、自閉症者（自閉症スペクトラムに属する者[13]）と定型者（平凡なわれわれ）との知覚を対比した内海健の議論は、極めて示唆的である[10]。内海によれば、自閉症者において、対象と自己は融合し、区別がない。その自他未分の世界には、一切の余白、遊びがない。また、自己とその外部が融合することで全体を構成しているため、融合し得ない外部は排除され、その結果、自他未分の世界は、さらにその外部から分離され、閉じている。自閉症者にもたらされる外部、本来的な外部とは、閉じた自他未分の世界の外側からやってくる、徹底して異質なものなのだ。だから、それは自閉症者の世界の中に捉えられ、解釈され、埋め込まれていくことがなく、断片に留まり続ける[14]。なまの情報とは、そういった断片の集まりに過ぎない。

自閉症者の知見から、内海は自閉症者の視覚を、例えば印象派の、クロード・モネの絵画に対比する。それは光の点の集まりだ。朝の情景、日没に至るまで、何枚も描かれたルーアン大聖堂は、明瞭な輪郭を持たず、図と地の分離を持たない、異質な光の断片の集まりである。なまの情報とは、そういったものだ。

これに対して定型者は、なまの記憶を解釈し、変形、変質して知覚する。それは言語的表現に留まらず、視覚、聴覚など、より原初的な知覚レベルでも実現される。輪郭を持ち、鮮明な図と、不明瞭化された地とよって分けられた視覚像は、ベルクソンの意味での過去によるイマージュなのである。

自閉症者と定型者との違いは何か。それは他者の経験である、と内海は述べる。他者は、自他未分の世界に亀裂を穿つ。この亀裂こそが、閉じた自他未分の世界の外部を受け容れ、世界を開くものとなる（だから、内海はこれを裂開と呼ぶ[15]）。他者は、自己に自覚するずっと以前、いや、場合によっては生まれ落ちてすぐ、赤ん坊の中に入り込み、痕跡を残す。この他者の痕跡ゆえに、赤ん坊は、他者がもたらす視線、まなざしに気づくことができ、自己と世界の間に裂開が入れられる。この亀裂にこそ、断片が落ちてくる。この亀裂にあって、断片は貼りあわされ、わたしの過去に埋め込まれていく。定型者にあって、他者による裂開は、生後九ヶ月頃人見知りという形で現れる。人見知りが現れたことで、むしろ先行的に内在していた他者が認められるというわけだ。潜在していた他者ゆえに、他者からの視線に呼応でき、その結果初めて自己が開設される。定型者においては、こうして自己の世界と、対象が分離され、異質な二つの世界の接続が実現されるという。逆に、生後九ヶ月頃の裂開を逸した自他未分の閉じた世界、それが自閉症者の知覚する世界ということになる。

先行的に他者が経験され、その痕跡が裂開を実現する。生後九ヶ月をかなり経てからの、自閉症者が体験する裂開は、真空の切れ目となる。それは恐怖の対象となるだろう。対して、定型者の裂開は他者で満たされ、他者と共にある場を開く。だから、他者は世界の外部にあって推定されるものではなく、直観されるものである。内海はそう説く。

つまり他者は、相矛盾する二つの役割を担っている。第一には、現実に赤ん坊と対峙し、裂開を与える他者、自己の知覚する世界を破壊する他者であり、第二には、自己と分離された異質な対象の知覚を可能とする、共感の場を開く他者である。他者は閉じた世界を壊し開きながら外部とのコミュニケーションを可能とするものである。

イマージュの現前、知覚・記憶過程の根幹を成すものが、この他者の二重性である。ただし、知覚・記憶過程にあって、他者は想定不可能な外部、徹底して異質な外部へ一般化される。この外部が、知覚と記憶の間に亀裂をいれ、なまの外部刺激を、想定不可能な断片とする。同時に、断片に糊代を与え、断片を貼りあわせて全体を作る過程の基礎にあるものも外部である。通常、我々は、一部忘却されることはあっても、知覚されたものは速やかに記憶へと動員され、自己の記憶の一部を成すと素

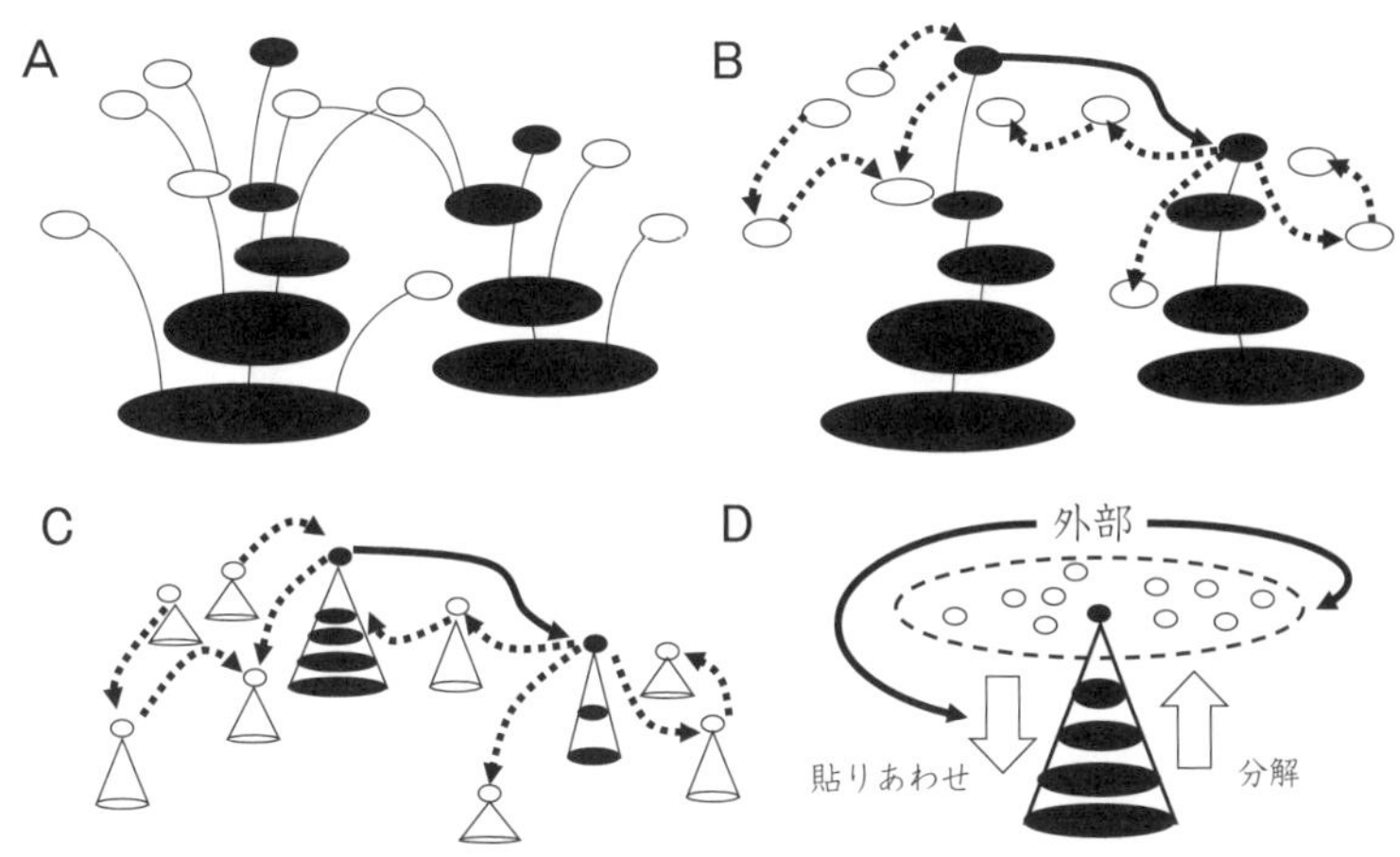

図６−１　A. 時空断片の貼りあわせ。B.「このいま」の因果関係と貼りあわせ。C. 時空の局所で構想される「全体」。D. 断片化と貼りあわせを基礎づける外部。

朴に考えてしまう。現に直面するこのいまの知覚は、それ自体明確な知覚であり、得られた記憶を想起し、それによって意味を与えられるだけだと考えがちだ。しかしそれは、実際には断片をかき集め、他者の力を借りて貼りあわせをし、「いまここ」において貼りあわされた記憶の全体を想起し、その全体の中で「いまここ」を位置づけることによって初めて知覚されるのだ。

状況を図６−１に整理しておこう。二つの「いまここ」が最も小さい黒楕円で示され、その各々が他の断片（白楕円）と共に貼りあわされ、より大きな黒楕円となり、全体となることがわかる（図６−１A）。このように時空の局所ごとに、その局所における全体像が開設される。そのような全体像は、二つの「いまここ」において最も下位の黒楕円で示されている。この全体が想起され縮退し「いまここ」と接触するとき、イマージュが現前する。すなわち、イマージュは開設された全体像の部分として再解釈される「いまここ」である。ただし、ここでいう局所における全体は、楕円で想像されるような面のみを意味するわけではない。むしろ断片を貼りあわせる段階で、すでに断片は質の束へと変換され、質の束の貼りあわせを実現している。図6－1Bは、「いまここ」という断片の間の因果関係を矢印で示している。図6－1Aの二つの「いまここ」以外を結ぶ関係は、点線矢印で表されている。図6－1Bは、時空における「いまここ」の下に、断片の貼りあわせが潜んでいることを示している。いわば「いまここ」は、貼りあわされた全体との相互作用の結果、イマージュとして知覚される。図6－1Cでは、貼りあわせ過程を円錐で表し、各々の「いまここ」にそれが潜在していることを示している。果たして、図6－1Dにおいて、貼りあわせ形成における外部の二重の役割が示される。第一に外部は、「このいま」を断片化し、全体の中に位置づけられる意味を失わせる（図6－1Dの右曲線矢印）。そして第二に、外部は断片の貼りあわせそれ自体を基礎づける（図6－1D左曲線矢印）。図6－1Dにおいて、点線楕円で囲まれた白楕円は、図6－1Aにあって曲線で繋がれた、結果的に貼りあわされる「いまここ」を意味している。こうして図6－1のような時空の全体が、知覚を実現する空間、イマージュのネットワークの成す空間であると考えられる。果たして次の問題は、このような空間が、多様体概念で表現できるのかということになる。

3　多様体・前層・層

多様体とは、任意の点で局所座標が描けるハウスドルフ空間である。ハウスドルフ空間は、特定の条件を満たす位相空間だ。二点の間にその分離の度合いを表す距離は、A点からB点への距離が、第三の点を経由するよりも小さいといった条件を満たすことで定義される。距離が定義された空間――距離空間は、距離を無限小にすることで無限の一点における接線や接平面を構想し、微分を考えることができる。多様体における微分は、位相空間における局所座標系の、ユークリッド空間の構造を使って定義される。[2]

距離概念を弱めるため、距離空間を放棄し拡張された空間が、位相空間である。空間概念の拡張は、前提と帰結の転倒によって実現される。すなわち、距離空間において帰結された不定な境界を有する集合――開集合の性格を、帰結されるものではなく、空間の定義にしてしまう。こうして、空集合や全体、開集合の有限個の交わりや任意個の和も開集合であるといった再帰的定義によって、開集合を定義する。開集合が定義できる集合を、位相空間と呼ぶのである。開集合は、空間の点（集合の要素）を認識するある種のフィルターだと思えばよい。フィルターを通してしか点を認識できない空間が、位相空間である。開集合によって、二つの異なる点を分離できる位相空間が、ハウスドルフ空間である。ハウスドルフ空間に滑らかな局所座標系を定義することで、微分が定義され、さらに他の制約が付加され、曲がった空間上の距離、測地線が定義される。

多様体として、例えば確率分布の可能な全体から構成される空間を考えてみよう。このような空間は、脳の神経細胞の状態分布など、様々な情報空間として意味を持つ。平均値と分散によって特徴づけられるガウス分布の全体は、その一例である。ガウス分布は、確率変数とパラメータの内積で定義できる指数分布になっており、この指数分布の全体（指数分布族）が多様体になっている。この多様体における二点、すなわち、二つの指数分布の分離の度合いは、カルバックライブラーダイバージェンスという情報論的距離によって定義される。こうして、この空間では、或る二点間の距離が定義できる。[16]

多様体上の二点を結ぶ線は測地線と呼ばれる。多様体の性格を満たすその一部、部分多様体をとってくるとき、部分多様体の任意の二点を結ぶ測地線もまた部分多様体に入っているなら、部分多様体は平坦であるという。実際、測地線の定義の方法に応じて、平坦さは異なる定義を持つ。平坦な部分多様体が、局所座標系である。指数分布族にあって、指数分布のパラメータで定義される局所座標系は、パラメータに依拠して定義される、もう一つの平坦さを持つ。こうして定義される局所座標系が、点の周りで線形近似される接空間である。指数分布族の場合、二種類の局所座標系は互いに変換可能で、ゆえに双対といわれる。双対平坦空間では、接空間が空間全域を覆い尽くしている。パラメータに依拠した局所座標系で、局所距離を表すとき、それが内積でかける多様体こそ、リーマン空間である。

リーマン空間を初めとする多様体は、微分可能であることで接空間を開き、局所座標系を定義するため、微分可能という大きな制約を有した、距離空間で定義されるような空間に近い概念である。ベルクソンの唱える知覚・記憶空間を考えるためには、より制約の少ない、より抽象的な位相空間を考えることが必要となるだろう。局所で定義された描像を貼りあわせ、全体を構想する。そういった数学的装置が、層（シーフ）である。層は、多様体概念をより抽象的に拡張する道具立てと考えていいだろう。

層とは、特殊な条件を満たす前層である。[17] 前層は、位相空間における開集合を、集合へと変換する変換装置である。すなわち前層は、位相空間の部分（局所）を切り取り、その部分を写像の集合など、質の束へ変換する。位相空間の要素は開集合であり、開集合の間には包含関係で順序構造が与えられ

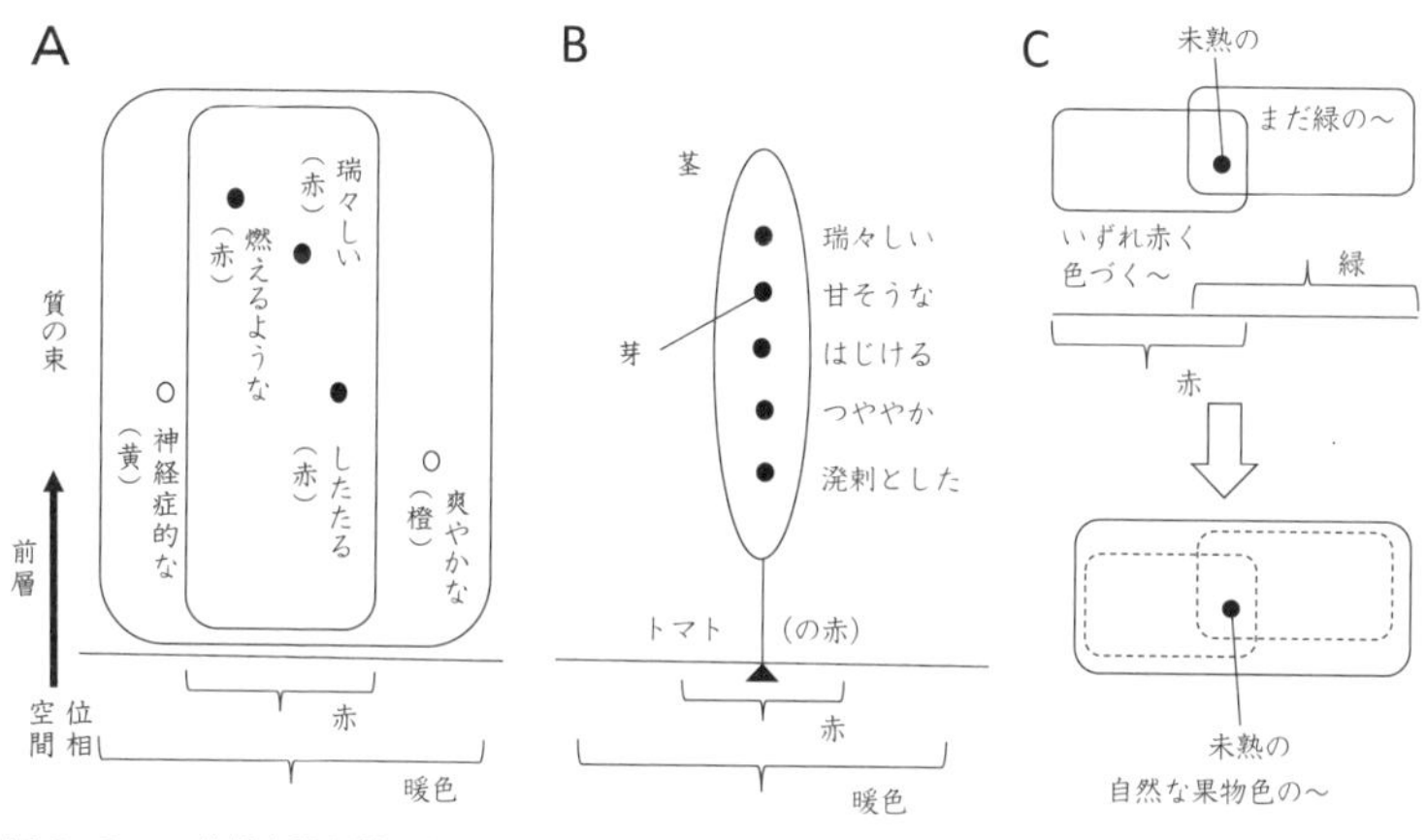

図6－2　A. 位相空間を質の束へ変換する前層。B. 前層で写された質の束の極限である茎とその要素である芽。C. 層の条件である貼りあわせ条件。

る。前層は、包含関係を、質の束の間の制限写像へ変換する。開集合を前層で写した後、包含関係に関して小さくしていき、その極限をとるとき、点に対する質の束が得られる。この、開集合の極限（点）に対する質の束を茎（ストーク）と呼ぶ。茎の要素の一つ一つは芽（ジャーム）と呼ばれる。図6－2Aに前層の例を、多少隠喩的に示そう。ここで位相空間の要素である開集合は、赤色、暖色といった包含関係を持つ色に関する「文脈」で表されている。前層は、色に関する文脈を、その色に対して具体的にイメージされる形容詞の束に写している。色に関する文脈を前層で写し具体的イメージの束とした後、大きさを縮め、一点（局所的文脈であり特定の対象）、トマトの赤色に対応するイメージの束とする。この束が茎であり、茎の要素が芽である（図6－2B）。

前層が単射条件と貼りあわせ条件の二つを満たすとき、前層は層と呼ばれる。単射条件は以下のように定義される。開集合を前層で変換した結果に属する二つの要素（二つの質（写像））が異なるなら、その二つの要素を同じ開集合の一部に制限したものも異なる。すなわち部分的に制限して見ることが、制限する前後で一対一対応しているということである。第二の貼りあわせ条件は、以下の通りである。まず、開集合をとってくる。この開集合は、複数の部分開集合の和として構成されている。任意の、二つの異なる部分開集合が重なりを持ち、各々を前層で変換した質が重複部で一致するなら、開集合の中にこれと一致する全体的質が存在する。これが貼りあわせ条件である。質の束への変換は局所的描像を意味する。つまり、全ての局所的描像が、部分開集合の制限と考えられるなら、全体的描像が存在するということになる。この二つの層の条件によって、局所的描像を貼りあわせた全体が、一意に保障される。

貼りあわせ条件を、前述のように言葉の文脈で考えてみよう（図6－2C）。赤と緑という文脈が、開集合のイメージを与えている。その交わりの部分を質の束へ変換するとき、具体的な形容詞、「未熟な」が得られる。それはまさに赤と緑の交わりに位置する未熟なトマトのイメージである。しかし、文脈を失った「未熟な」は、形容詞単独ではどのような文脈に置かれているかわからない。このとき赤の文脈は、成熟すると赤くなる果実に関するイメージを与え、これを緑という文脈との交わりに限定すると、「未熟な」が得られる。逆に緑の文脈は、若々しい植物一般に関する形容詞を与えるが、その赤という文脈との交わりに限定すると、いまは青々としているもののいずれ赤くなる意味での「未熟な」が得られる。つまり、異なる二つの文脈で重複部分に限定すると、同じ形容詞が得られることになる。これを逆に重複部という局所から出発して眺めるなら、文脈を拡張してやるとき、それに対応した形容詞系列の存在が示唆される。このような場合、「赤」と「緑」を包括し、その各々を部分的な制限によって解釈できる、全体的文脈に対応した「自然な果物色の～」なる形容詞が存在するならば、前層は層となる。全体的文脈に対応する質が存在しない場合、層ではない。

層条件を満たすには、一般の、層になっていない前層を、どのように加工すればよいだろうか。いわば前層は、位相空間を分解するだけの機能を持ち、全体を総合する手立てを持たない。分解された部分を、単に寄せ集めるのではなく、総合する（貼りあわせる）には、どうしたらよいか。その方法が、層化である。層化は、第一に前層から層空間を構成し、第二に層空間から層をつくるという段階を踏む。位相空間と複数の前層が与えられているところで、第一段階の操作を考える。層空間とは、位相空間の点に対応する茎を重複なく、もれなく集めて和をとった集合から位相空間への写像のことである。この写像は、位相空間上の点に対応する茎の要素、芽を、茎のインデックスである元の点へ写す。ここではこれを、茎写像と呼ぶことにする。こうして前層は、層空間へ変換される。第二段階では、層空間から層が作られる。構成される層は、層空間である茎写像の、切断と呼ばれる逆写像の集合として得られる。切断は、芽の連続性を担保する逆写像であり、その定義域は、開集合（位相空間の部分）である。前層や層が、位相空間を集合へ写す変換であったことを思い出そう。層空間から作り出された層は、与えられた開集合に対して、その開集合に定義域を限定した、茎写像に対する切断の集合となる。与えられた開集合の部分集合を考えるとき、茎写像の切断は、より限定された定義域を持つことになる。つまり、包含関係という順序関係は、制限写像へ写されており、層空間から変換された変換は、前層になっていることがわかる。

層空間から構成された前層は、単射条件と貼りあわせ条件を満たしている。茎写像に対する、位相空間の任意の部分（二つの部分の重複部分）を定義域とする複数の切断は、各々が定義域に関する制限をつけた制限写像である。だから、それら切断を集めて定義域の全体を覆いつくすことが可能であり、そうなれば茎写像に対する、最大の開集合を定義域とする逆写像（切断）が得られることになる。

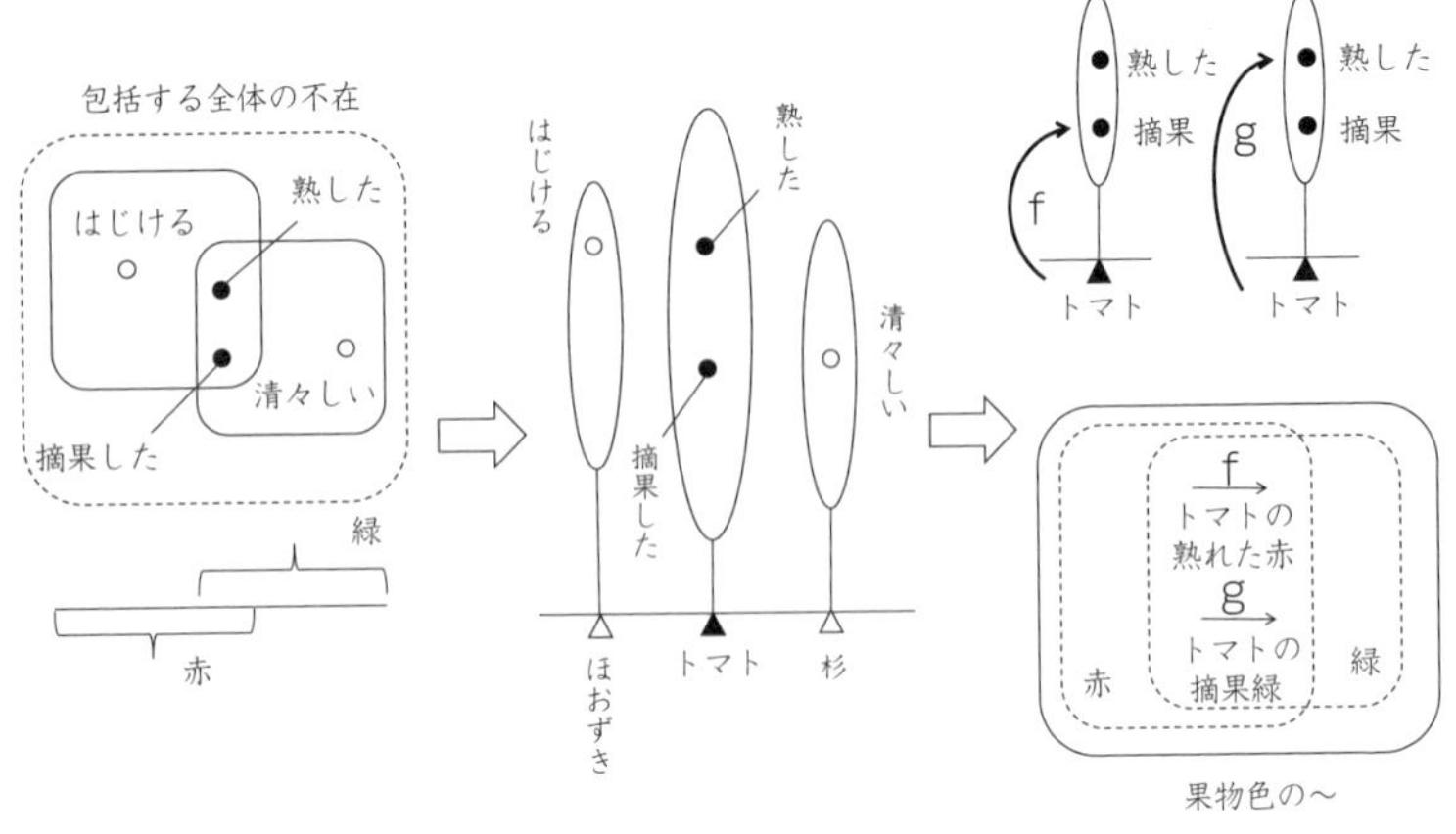

図6−3　前層から層空間へ（左の白抜き右向き矢印）、そして層空間から層へ（右の白抜き矢印）の処方箋

前層から層への加工過程を、位相空間が言葉の文脈に対比される隠喩で示しておこう（図6−3）。図6−3の左にある図は、図6−2同様、赤、緑という文脈から、前層によって得られる形容詞を示している。ただし、この場合は単なる前層であって層ではない。赤から得られる形容詞は、既に熟した状態に対する形容詞であり、緑から得られる形容詞は、青い状態で切断された状態に対する形容詞となっている。両者の断絶は、赤と緑の共通部分から派生した形容詞、「摘果（間引き）された」に表れている。それは樹木から切り離され、いずれ熟すことがない緑色である。文脈において、赤と緑の共通部分にはいずれ赤くなるトマトという文脈が与えられ、赤と緑の和である文脈も存在する。しかし、そこから得られる形容詞だけを見る限り、赤と緑から派生する形容詞は断絶し、その全体性は担保されない。

このような状況で層化を考える。まず茎写像を形成して、層空間をつくる。開集合である「赤い」の文脈には、ほおずきやトマトがあり、その茎として各々、形容詞の束が形成される。各形容詞が芽であり、トマトから派生した芽は、トマトへ写される。この写し方が茎写像だ（図6－3中央の図）。茎写像から層が形成される。図6－3右の図に示すfやgが、茎写像の切断に対応する。茎を形成した文脈の一つ一つを、茎の和集合要素に写すのが切断であるから、それは、トマトを、トマトといえばどういった性格こそが代表的か、それを表す形容詞へと写す写像となる。ここでは、fが、「トマトといえば摘果した青さ」を表し、gが、「トマトといえば熟した赤さ」を指す、指し示しとなる。この指し示しを集めた集合が、文脈（もはや特定の対象）トマトに対する質の束となる。こうして、文脈（位相空間）に対して質の束を対応させる変換、前層がつくられるが、質の各々は、図6－3左に示したような、裸の形容詞ではなく、「トマトの～」が付され、文脈を付された形容詞になっている。単なる「摘果した」、ではなく、「トマトの摘果した～」、「摘果したトマトの～」となることで、形容詞は文脈との関係性を帯び、全体性を担保される。いわば番地を持つことで、空間上の位置を確保する。貼りあわせが可能な道理だ。こうして層化が実現される。

部分を貼りあわせ、全体を構成する。それが層化である。果たしてそれは、2節で述べたような、記憶を介した知覚、イマージュ生成のモデルとなり得るだろうか。質の束を現前し、クオリアを説明するモデルたり得るだろうか。断片を貼りあわせ、自己を形成する核として見出されたものは、想定できない外部、他者であったはずだ。対して層化に認められた貼りあわせの核は、茎と位相空間との関係であり、番地を使って質の束に全体的地理を担わせることだった。すなわち層化の核は、外部ではなく、逆に、確実な根拠だった。窺い知れない外部を直観し対処する知覚能は、ここには認められない。

4　不確定を根拠にした貼りあわせ

貼りあわせの根拠は、むしろ不確定性である。想定外であるところの他者性、外部性こそが、断片を貼りあわせ、知覚世界を総合する。このような描像を、層概念を拡張することで実装しよう。全体性を持つとは限らない一般の前層において、層化とは、茎を集め、茎写像の切断を集めて、質の束を作ることであった。このとき、位相空間の持つ貼りあわせの性格（番地）が質の束に移植され、全体性がもたらされたのだった。したがって、全体性は、茎と位相空間における一点との間の、一対一対応によって保障される。それは、局所において構成された全体が、実在する位相空間の全体と一対一に対応することを意味する。2節で論じた外部性によってもたらされる、知覚における全体性は、決して実在世界との対応を有しない。

ここでは位相空間との対応に外部が潜在し、位相空間上の点と茎の対応が一対多である状況を考え、外部による貼りあわせを実装する。位相空間とは、世界であり、それに対応して生成される質の束が、脳内の内的世界であり、ベルクソンに依拠するなら、記憶・過去である。[5] 外部性とは、内的世界における質が、現実世界における指示対象を唯ひとつに決定できないこと、指し示しに関する不確定性、のことと定義される。図6－4Aの水平な線分上の点が、位相空間上の点（要素）である。各茎は、位相空間上の点との関係の存在確率を、0.0か、0.0より大で1.0以下のいずれかとする（総和は1.0とする）。図6－4Aでは0.0より高い確率の関係（茎内の芽と位相空間中の点の関係）を、実線または点線で示している。実線は後述するように、互いに素な部分領域を形成する関係である。芽から位相空間上への点への実線および点線を合わせたものが、一対多型の茎写像を表している。一対一でないことによっ

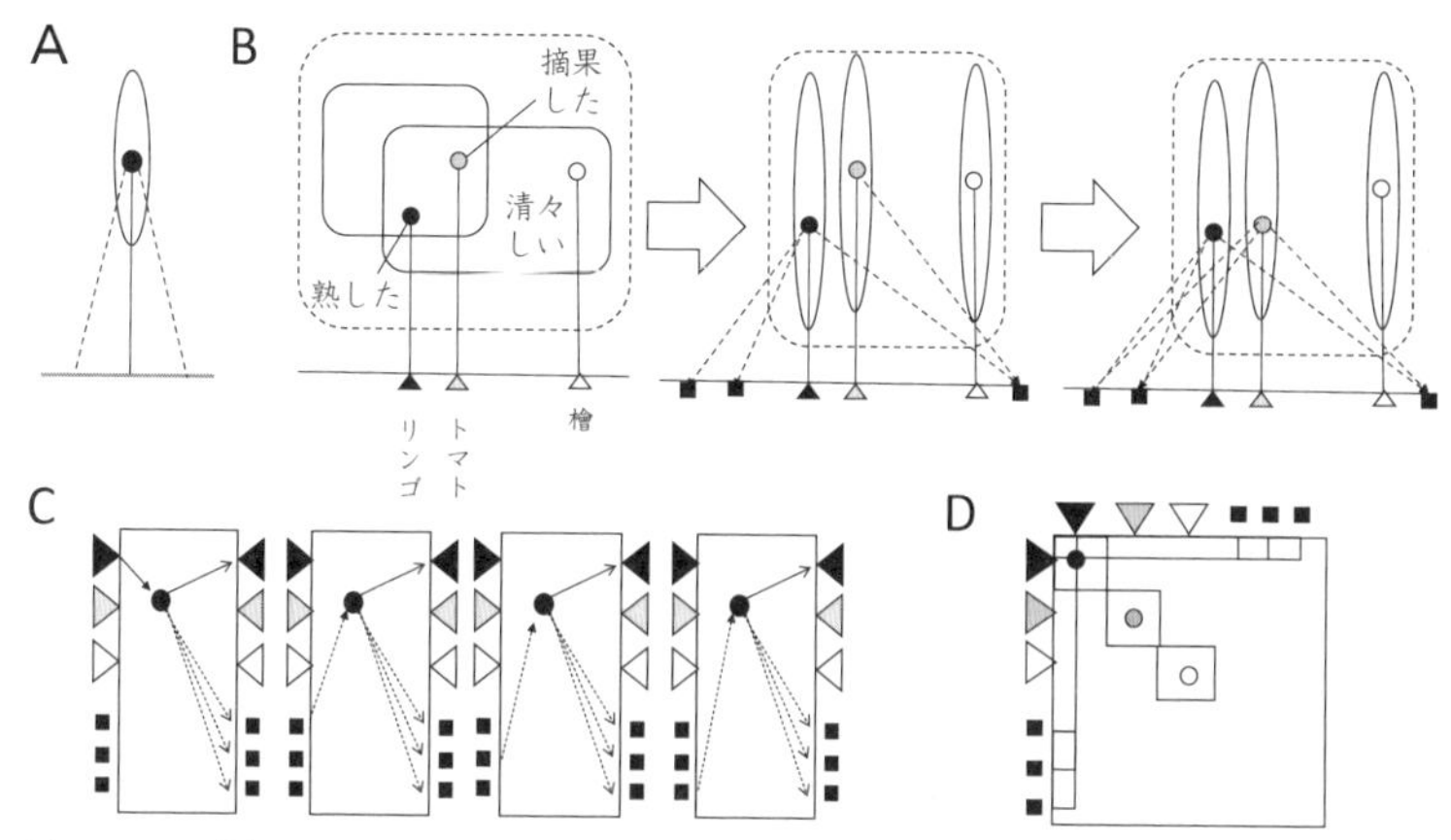

図6－4　A. 位相空間との対応に外部が潜在する茎、B. 外部が潜在する茎を用いた部分の貼りあわせ、C. 外部が潜在する茎写像から誘導された逆写像、D. 対角化された領域が貼りあわされて形成されるトークンの自己同一性

て、質の束の実在性に関する確実性は失われている。

図6－4Bに、一対多型の茎写像を用いた貼りあわせの処方箋を示す。まず、層における貼りあわせ条件の前提を思い出そう。開集合の重複部において、一方の開集合からの制限と、他方の開集合による制限とが一致すること、それが貼りあわせ条件の前提だった。それは、重複部開集合に対応する要素が、要素として同定できることを意味し、重複部に対応する要素は互いに識別可能であることを意味する。この状況は、図6－4B左図で示される。重複部に認められる「熟した」を芽とする茎の指示対象（文脈）は、リンゴ唯ひとつに決定されない。同様に、「摘果した」を芽とする茎の指示対象も、トマト唯ひとつに決定されない。共にその文脈、意味は多義的である。しかし、重複部に限定して両者を比較する場合、一方の「熟した」は「摘果した」の文脈（一個の点なので指示対象）を持たず、他方の「摘果した」は「熟した」の文脈（指示対象）を持たない。すなわち、両者は重複部において識別可能であり、

貼りあわせ条件における前提の一部を満たしている。実際、貼りあわせ条件の前提は、任意の二つの開集合に関してこの条件が満たされることだ。図6－4Bにおいて、それは、「清々しい」を含めた三つの形容詞からどの二つを選んでも、二つの形容詞が文脈に関して識別可能であることを示している。いま図6－4B中央図は、このように三つの形容詞――それを包む茎――が、互いに識別可能で、貼りあわせ条件の前提が満たされていることを示す。このとき貼りあわせ条件を満たす領域の形容詞は互いに素（互いに識別可能）であるといえる。

貼りあわせ条件の前提が、質（形容詞）の識別可能性に関して満たされているとき、貼りあわせる。それがここで示される、外部による貼りあわせだ。図6－4B右図に示されるように、互いに素な質は、垂直実線で示された芽と文脈（指示対象）の関係で表されている。トマト、リンゴ、檜は、この三者に限定される領域で自分自身と関係を持たない。貼りあわせは、互いに素である関係を持つ領域外部の、位相空間中の全ての点に対して関係を持たせることで実現される（図6－4B右）。独立な茎は、互いに素である領域において、識別可能であるがゆえに、可能な組み合せのアトムとなる。その上で、この領域は、領域外部のすべての点と関係を持つことで、全体の中で意味を持つことになる。こうして、例え互いに素な領域を構成する茎写像がもともとうまく定義された（一対多型ではない）写像であったとしても、領域外部との接続を持つことで、一対多型の茎写像となる。各々の質が互いに孤立していても、質を指定する特定の文脈の外部と網の目のように結びつくことで、各々の質は網の目の上で宙吊りになる。それによって、質を貼りあわせ可能となるのである。

一対多型の茎写像から、その逆写像（切断）が構成される（図6－4C）。茎写像（の要素）と関係を有しない文脈（指示対象）から逆写像は構成できない。したがって得られる逆写像は、一対多型の茎写像と対称的に構成される。こうして、質（形容詞）を媒介した文脈（指示対象）間の関係は、互いに素である部分領域でのみ自己同一性を示すことになる。図6－4Dは、文脈（指示対象）間の関係を示しており、対角線上に並ぶ点は、茎写像とその逆写像によって成立する自己同一性を示している。黒三角（リンゴ）はトマト（灰色三角）や檜（白三角）とは関係を持たず、互いに素な関係を形成しながら、それ以外の全ての文脈（指示対象）と関係を有している。こうして、互いに素な領域は全体の中に位置づけられ、全体性は外部を媒介とした貼りあわせによって形成される。

最終的に得られる図6－4Dの行列表現は、文脈（指示対象）自身に対する関係を表しているように見えるが、実際には、質の束と文脈への指し示しとの関係を与えるものだ。したがってそれは、イマージュとして表現された内部表象と、イマージュとしての外部世界にある対象の関係であり、行列表現によって、認知様式の傾向性を認めることができる。第一に、互いに素なイマージュは、識別可能であることによって、この限定された領域における認識の還元単位であることがわかる。この限定領域にある質の束は、還元単位の可能な組み合わせで説明されることになる。第二に、互いに素なイマージュで構成された限定領域は複数存在し、その貼りあわせによって、知覚世界の全体が構成されている。このことは、世界を限定領域に限定する限り、その限定領域内部で還元主義的であるが、世界全体すなわち複数の限定領域を横断するイマージュ群については、これを単位に還元して理解する術がないことを意味する。逆に言うと、知覚・記憶は、世界を還元主義的部分に絶えず分け、それが全体の中に埋め込まれていることで、還元主義的説明が絶えず限定的であることに自覚的なのだ。

クオリアに対する哲学的アプローチとして構想された汎質主義から、イマージュ・ネットワークに導かれ、本章では、多様体から層へ、そして外部性を糊代とする、拡張された層化へと辿り着いた。他方、意識や心を脳科学において理解しようとする理論も、クオリアを初めとする哲学的議論を無視し得ない。意識を特定の神経細胞群の挙動との相関に見出そうとしたコッホもまた、最終的に汎心論への傾倒を吐露している。[18]意識を情報論的に理解しようとするトノーニは、チャーマーズの自然主義的二元論を、脳科学の言葉で精緻化しようとしている。[19]本章で掲げた外部性を糊代とする層化は、神経細胞の振る舞いや、脳科学・認知科学でも喧伝されるベイズ推論、[20]いまだ殆どの研究者に顧みられない逆ベイズ推論と密接な関係を持つ。[21]最後にそれらについて述べ、結論にかえよう。

意識に関する最も有力なモデルとして、神経活動の内部選択と、それに引き続くグローバルネットワークを挙げることができるだろう。[22]内部選択は、エーデルマンに端を発し、[23]バース、[24]ドゥアンヌ[25]が継承して唱える神経活動である。外部刺激を受けた神経細胞が、同期発火する領域を形成し、複数の同期領域に分かれた後、最も同期領域の大きな神経細胞群が選択されるという脳内過程である。たった一個の同期領域が選択されると、その領域は、脳の他の様々な領域に接続される。局所的な神経細胞群の活動が、脳全体に一気に開放され、他の領域がこれを利用することに開かれるため、これをグローバルワークスペースと呼ぶ。ドゥアンヌは、内部選択とグローバルワークスペースを、単なる情報処理モジュールとしての小人（コッホならゾンビと呼ぶ）[18]が演じる舞台によって説明する。外部刺激を受け取って進行する複数モジュールの情報処理活動から、たった一つだけ選択され舞台に上がる。

これが内部選択に相当する。舞台は末広がりに展開され、他の様々な神経細胞が、選択された結果を柔軟に利用することに開かれる。これがグローバルワークスペースに相当する。一気に、全体に開かれる情報の大域的展開こそが、意識であると主張される。

内部選択の過程は、特定の外部刺激を与えた環境、すなわち与えられた問題に対して、最適解を求める推論過程である。この過程は脳科学的に、ベイズ推論に相当すると考えられる。ベイズ推論は、特定の条件に限定された、経験された条件付き確率を、条件のない確率に置き換え、不要な仮説を排除して効率よく計算する推論モデルである。脳、認知過程は、これを用いると考えられており、因果推論にみられる認知的誤謬は、ベイズ推論によって説明できる。[26] アレッキは、人間には直前の記憶と比較する能力があり、これはベイズの公式を用いて一度脳内の妥当な仮説を選んだ後、以後に得られる外部刺激と選んだ仮説を用いてベイズの公式で仮説自体を計算する過程であると唱え、これを逆ベイズ推論と呼んだ。[27] 筆者はこれを受けながらも、アレッキと異なり、条件付き確率を条件なしの確率に置き換える操作一般を逆ベイズ推論と呼び、局所を大域に広げる処理過程が、認知過程に内在することを示した。[28] 内部選択に引き続くグローバルワークスペースは、まさに、局所を大域に広げる処理過程という意味で、ベイズ推論に引き続く逆ベイズ推論に相当している。

本章で提案した、外部性を糊代とした部分の貼りあわせ過程は、ベイズ・逆ベイズ過程の連鎖に相当し、内部選択とグローバルワークスペースの連鎖に相当する過程である。本章での貼りあわせの前提条件を見出す部分は、外部にある文脈（対象）と内部に出現する質の束との関係を決定する過程であり、互いに識別可能なイマージュを選択する過程だ。それは、一つの知覚様式（互いに素な外部対象—内部表象関係）を推論し、決定する過程であった。明らかにそれは、脳内の内部選択過程であり、ベイズ推論過程である。これに引き続く貼りあわせは、互いに素な限定されたイマージュ領域内のイマージュを、限定領域外部に展開し、接続し、決定に不定性を導入する操作だった。同時にそれは、他の互いに素な局所領域への接続によって、他の情報処理過程に供されることを意味する。まさにそれは、内部選択の結果を、大域的領域へ開き、他の任意の神経細胞が、内部選択の過程を利用可能とする過程、すなわちグローバルワークスペースに相当し、逆ベイズ推論に相当するのである。

内部選択とグローバルワークスペースは、元来意識のモデルとして構想され、その実体が脳内に実証されつつある。意識とは何か、心とは何か、という探求は、当初デカルトの松果体と同様、脳の特定の領域に求められた。その後リベットによる準備電位の発見以降[29]、情報の実質的処理過程は、無意識的な脳内処理過程が実質的に並列処理的に実行すると考えられるようになった[30]。その最終的選択が、前述の内部選択であり、ベイズ推論過程に相当するものだ。この結果を事後において単に確認するものが、意識であるとみなされた。この限りで意識は、意味のない単なる記号であり、無意識の処理した情報に添付されるラベルとみなされた。「わたしの」というラベルのついた情報処理の結果は、意図的な「わたしの」意思決定になる、というわけだ。

この「わたしの」というラベルを、実体的ラベルではなく、さらに無効化・透明化する過程が、グローバルワークスペースといえるだろう。或る脳内部位として特定されることは一切なく、他領域への大域的接続という処理過程の全体が、意識に相当することとなる。外部を糊代とする貼りあわせは、時空における局所の一点一点において、解釈体系としての局所世界を構想し、イマージュを形成する。それは神経細胞モジュールに留まる特定の存在様式ではなく、あらゆる相互作用の場の局所において発動する。したがって、その過程は原生意識と呼ばれざるを得ない。窺い知れない徹底した外部との接続、それは松野[31]や私[32]が内部観測と呼んだものである。また相澤は、中心のない外部との調整運動それ自体を自己とみなす理論を示している。[33] それは、本章で述べる原生意識に整合的な議論である。

原生意識（イマージュ形成の機制）が存在する相互作用の場は、質の束のネットワークである。クオリアはイマージュに他ならない。ならばクオリアは、外部を糊代とする貼りあわせによって完全に理解できたのだろうか。ここで示したイマージュ形成の機制は、機械的にも実装できそうだ。それはクオリアを感じるロボットを意味するのだろうか。本章で示した外部への接続は、全てに接続する、或る理想化された接続に過ぎない。「わたしの」ラベルは、無意識的並列分散処理による事前と意識的逐次処理による事後を区別できるとしているが、[30] 現実の脳において事前・事後の分離は不可能だろう。神経細胞の時計は同期をとって時間を進めているわけではない。[34] 事前と事後はあらゆる局所において恣意的に伸縮し、同時間面は複雑な襞をもって折り畳まれる。外部への接続はこのような非同期時間において出現する。[35] だからこそ、「わたしの」というラベルは、一個の実在ではなくなる。同様に本稿で示した貼りあわせも、非同期時間の結果出現する以上、一個の理想的分布によって定式化することはできない。私は、心解読への見通しを与えたに過ぎない。しかし、その理解の方法は、最上位にあった「わたし」を形骸化・無効化し、さらに、或る意味確率的操作として、ラベルとしてすら実体化できないものとするものだ。それは、意識理解の従来の段階を踏襲し、展開するもので、必然的な道程だと思われる。

引用文献

（1）ジル・ドゥルーズ（1992）差異と反復（翻訳：財津理訳）、河出書房新社、東京；DeLanda M（2005）Intensive science and Virtual Philosophy, Bloonsbury Academic.
（2）松本幸夫（1988）多様体の基礎、東京大学出版会。
（3）ジル・ドゥルーズ（1974）ベルクソンの哲学（翻訳：宇波彰）法政大学出版会、東京。
（4）アンリ・ベルクソン（2011）物質と記憶——精神と身体の関係についての試論（新訳ベルクソン全集第二巻）（翻訳：竹内信夫）白水社。
（5）郡司P幸夫（2016）知覚と記憶の接続・脱接続——デジャビュ・逆ベイズ推論（ＰＢＪ国際シンポジウム：『物質と記憶』を解剖する——ベルクソンと現代知覚理論・時間論・心の哲学）および平井靖史（2016）現在の厚みとは何か？ベルクソンの二重知覚システムと時間の流れ（ＰＢＪ国際シンポジウム、同上）。この国際シンポジウムは平井靖史らが主催したもので（6）を含む多くの国外招待研究者の講演があり、ベルクソンの現代的意義が論じられた。
（6）Dainton B（2016）Neutral monism, temporal experience and time: Analytic perspective on Bergson（ＰＢＪ国際シンポジウム、同上）。
（7）デイヴィッド・チャーマーズ（2001）意識する心——脳と精神の根本原理を求めて。白揚社。
（8）Chalmers DJ（2013）Panpsychism and Panprotopsychism, In Consciousness in the Physical World: Perspectives on Russellian Monism（Alter T, Nagasawa Y eds.）Oxford University Press.
（9）Feigl H（1960）Mind–body, not a pseudo-problem. In S. Hook (ed.), Dimensions of Mind. New York University Press.
（10）内海健（2015）自閉症スペクトラムの精神病理——星をつぐ人たちのために、医学書院、東京。
（11）竹内外史（1978）層・圏・トポス——現代的集合像を求めて、日本評論社、東京。
（12）Gunji, PY（2016）Connection and disconnection of perception and memory: De ja vu and Inverse Bayes inference（ベルクソン国際会議2015）（5）に掲げた日本語のものとイマージュ・ネットワークの例が異なる。
（13）自閉症スペクトラムには、知的障害を伴わないアスペルガー症候群など、様々な程度が認められるが、コミュニケーション障害や繰り返し行動の行動的特徴がある。
（14）ドナ・ウィリアムズ（2000）自閉症だったわたしへ（翻訳：河野万里子）新潮文庫、東京。
（15）内海健（2012）さまよえる自己——ポストモダンの精神病理、筑摩選書、東京。
（16）甘利俊一（1990）ニューロコンピューティングから情報幾何学へ、三田出版会、東京。
（17）Tennison BR（1975）Sheaf Theory, Cambridge University Press, London.
（18）クリストフ・コッホ（2014）意識をめぐる冒険（翻訳：土屋尚嗣、小畑史哉）岩波書店、東京。

(19) Zimmer, C (2010) Sizing up consciousness by its bits. The New York Times, Science における Tononi に関する記事およびマルチェッロ・マッスィミーニ、ジュリオ・トノーニ (2015) 意識はいつ生まれるのか――脳の謎に挑む統合情報理論 (翻訳：花本知子)、亜紀書房、東京。
(20) Bayes, T. (1763). An essay toward solving a problem in the doctrine of chances. Philosophical Transactions of the Royal Society of London, 53, 370–418.
(21) Arecchi FT, (2007) Complexity, Information Loss and Model Building: from neuro- to cognitive dynamics, SPIE Noise and Fluctuation in Biological, Biophysical, and Biomedical Systems – Paper 66 02-36.
(22) スタニスラス・ドゥアンヌ (2015) 意識と脳――意識はいかにコード化されるか (翻訳：高橋洋) 紀伊国屋書店、東京。
(23) Edelman GM (1987) Neural Darwinism: The theory of neuronal group selection. Basic Books, New York.
(24) Baars BJ (1989) A cognitive theory of consciousness. Cambridge, MA: Cambridge University Press.
(25) Dehaene S, Naccache L, (2001) Towards a cognitive neuroscience of consciousness: Basic evidence and a workspace framework, Cognition, 79, 1-37.
(26) ケン・マンクテロー (2015) 思考と推論――理性・判断・意思決定の心理学 (翻訳：服部雅史・山祐嗣) 北大路書房、京都。
(27) Arecchi FT (2011) Phenomenology of Consciousness: from Apprehension to Judgment, Nonlinear Dynamics, Psychology and Life Sciences, 15, 359-375; Arecchi FT, Farini A, Megna N, Baldanzi E, (2012) Violation of the Leggett-Garg inequality in visual process, Perception 41 ECVP Abstract Supplement, 238.
(28) Gunji Y, Sonda K, Basios V (2016) Quantum cognition based on an ambiguous representation derived from a rough set approximation. BioSytems, 141, 55-66.
(29) Libet B, Gleason CA, Wright EW, Act V (1983) Time of conscious intention to act in relation to onset of cerebral activity (readiness-potential), Brain, 106, 623-642.
(30) 前野隆志 (2010) 脳はなぜ「心」を作ったのか、筑摩文庫、東京。
(31) 松野孝一郎 (2000) 内部観測とは何か、青土社、東京。
(32) 郡司ペギオ幸夫、オットー・レスラー (1995) 内部観測――複雑系の思想と現代思想、青土社、東京。
(33) 相澤洋二 (2012) 自己とゆらぎ――感性的自己の理論。計測と制御、51 (11), 1052-1055.
(34) Ohta H (2015) Reevalutation of McCulloch-Pitts-von Neumann` s clock, BioSystems, 127, 7-13.
(35) Gunji Y (1990) Pigment color patterns of molluscs as an autonomous process generated by asynchronous automata, BioSystems 23, 317-334.

第Ⅱ部　意識する〈わたし〉——脳内他者との出会い

第Ⅱ部への序

第Ⅱ部では、第7章「以前ゾンビだった私が、以後クオリアを持ち、またゾンビとなる——意識・身体経験と固定指示性」で示された固定指示性が、重要な核となる。固定指示性は言語哲学の分野で提唱された概念で、意識や「このわたし」に関与するものとは、通常思われないだろう。固定指示性は、言語使用の分析に関する徹底した意味の指定への懐疑（ソール・クリプキによる）から生まれた。固定指示性を担う言葉は、言語がそれを使用する言語ゲームという場において使用されるという意味で、脱記号化に開かれた記号なのである。

固定指示性とは何であるか、それは以下の章に展開されるが、簡単に述べておこう。例えば、ペンという言葉は、筆記用具である万年筆、ボールペン、などの総称である。それは石礫を意味しない、と思われる。さて、何もない石ばかりの荒野で迷子になったあなたと友人を想像せよ。あなたが、地面に簡単な地図を描こうとして「ペン」というとき、それは地面に線を引くための、石礫を意味することになるだろう。つまり状況次第で、言葉の意味はいくらでも、通常想定されていた範囲を逸脱する。この逸脱の可能性は、予め想定して抑え込むことができず（それができるなら、可能性の束として意味を指定できる）、無限に潜在している。だから、言葉が何を指すか、指定するということは不可能だ。では、言葉は何を指すのか。クリプキは、言葉は言葉自体を指す、というのである。ペンという言葉はペンという言葉自体を指す。ペンという言葉がうまく使われ、何かを指すように使われるのは、これを使う共同体、言語ゲームに起因するのであり、言語自体の中には内属しない、というわけだ。この言語ゲームを現代においてどう展開するかという問題こそ、言語学の問題であり、それは部分的に認知言語学に継承されていると思われる。

言語ゲームと言われる言語使用の場への接続を問題にする限り、固定指示性とは、脱記号化する記号である。クリプキは、全ての言葉は固定指示的だ、というわけだが、ここでは、近似的に意味が指定できるという緩い定義を導入することにする。第I部で論じられた外部の前景化・背景化で述べた、コカコーラにおける記号表現と記号内容の対を参照するなら、多くの場合、「コカコーラ」という記号表現は、「清涼飲料水」や「滋養強壮剤」といった記号内容を指示すると近似的に言える。しかし或るとき「コカコーラ」は他の何でもない「コカコーラ」それ自体を指示するに至る。もはや記号表現と記号内容の対応に関する近似が間に合わず、とうとう固定指示性が露呈してしまう。コカコーラがその意味内容を全て無効にし、自身を宙吊りにする瞬間が、コカコーラの歴史の中にあったのである。これこそ、固定指示性が露呈し、コカコーラが純粋な記号になった瞬間である。

固定指示性という概念は逆説的だ。記号が指し示す意味や指示対象が無限に潜在する、というだけなら、その記号を使用することで豊穣な世界が広がるとイメージできる。逆に記号が記号自体を指す、というのなら、記号はそれ自体で閉じ、孤立し、世界とは無関係であると考えてしまう。しかしそのような議論は、記号が、それを使う場を抜きに成立しない、ということを忘れた議論だ。記号を使う場は、常に記号を、言葉を待ち構えていて、いかようにも使っていく。使用方法が限定されているなら、それなりに使用方法も限定されるだろう。意味や指示対象に関して限定的とする近似が成立するような記号では、その使用も限定的となる。男性用トイレの記号の意味が、女性用トイレへの意味の逸脱を許すことはない。

逆に意味が固定指示的でそれ自体を指す場合とは、意味が確定できないことを示すのであり、いかようにも使えることを含意するのである。だから、固定指示的である記号とは、あらゆる意味、あらゆる使用に開かれた記号を意味することになる。つまり固定指示性故に、記号化した刹那、いかようにも使われ、使う場の方をむしろ活性化するのである。純粋な記号、という概念は、そのような意味を持つ。だからこそ、純粋な記号となり、いわば意味を一切有しない点となった刹那、それまで背景に退いていた、その点を取り巻く言語ゲームの場が、活性化されて陽に現れ、記号を宙吊りにした空間が開設される、のである。それが、記号化の果てに出現する純粋な記号化（固定指示性の顕在化）と同時に出現する脱記号化なのである。

こういった固定指示性の議論を経由して初めて、「このわたし」の開設が議論可能となる。固定指示性の議論は、一見、単に破壊的で、肯定的な転回など何もないように思える。単に、言語の意味は予め確定できない、といった懐疑のみ生み出しているものに思える。そうではない。それ自体という純粋な記号になるからこそ、脱記号化し肯定的転回が可能となる。豊橋技術科学大学の岡田美智男教授は、自分で何もできない「弱いロボット」を構想する（岡田、二〇一二）。例えば、車輪のついた自走式ゴミ箱の体裁をとるロボットは、床に転がった空き缶のそばまで走ることはできるが、自分でゴミを入れることができない。彼にできるのは、せいぜいゴミ箱の口を少し傾かせ、「入れて」と促しているかのような動作をするだけだ。しかしこれを見た人間の方が、率先して、能動的にゴミを入れるというわけだ。弱いロボットの白眉が、何もできず、ただゆらゆらと揺らめく、下敷き状のロボットだ。彼／彼女は何もせず、何もできず、そのロボット、それ自体である。つまりこれこそ、人間の蠢く空間に置かれた、固定指示性なのである。弱いロボットとは、物象化された固定指示性である。だからこそ、記号それ自体が言語ゲームを活性化するように、弱いロボットは、自身を取り囲む人間の能動性を活性化する。弱いロボットによって、能動的なわたしが開設されるのである。

この固定指示性という記号化・脱記号化によって、「このわたし」の生成＝存在が論じられることになる。その一つの例が、第11章「アートな一手、または、脳内他者の直観を私の直感とする」に認められる、トップダウン的な直観とボトムアップ的な直感の間のギャップ（芸術係数）を担いながら、直観を直感とみなし収奪する一手なのである。ここでは、現代芸術の巨匠、デュシャンが提唱した芸術係数、認知言語学におけるタイプと周縁、ダメットの因果論に関する議論が援用され、直観を直感とする一手の意味が解読される。

その一手は、芸術係数を担う意味でアートな一手であり、受動的におのずからボトムアップ的に運動する意図的意識が、自らに先行する能動的と目される他者のトップダウンを収奪する意味で「このわたし」の一手なのである。固定指示子という純粋な記号の出現を通して、記号化・脱記号化が不断に継起する。それが「このわたし」である。第8章「『おそ松くん』と二重の身体」では、脱記号化が六つ子を生み出し、第10章「アナロジーの位相」では、逸脱の運動が進展し続けることになる。

アナロジーは、先に述べた認知言語学の換喩を、より先鋭化した過程への道筋を可能とする（Lakoff, 1987）。通常、言語を数学のような操作の体系とだけ考えるなら、統語論（記号表現の文法）と意味論（記号内容）の対で閉じている。認知言語学は、この体系が現実と接続する過程こそ言語の本質と捉え、記号の使われ方を、喩の構造として体系せんとしているわけだ。その一つが換喩であり、現実の対象の部分を対象の全体とみなし、部分によって全体を略奪することと定義する。喫茶店でしばしば従業員が使う語法らしいが、例えば、ハンバーガーを注文した客をハンバーガーと呼ぶ。「ハンバーガー、早くコーヒーもってこいと、うるさいよ」と言った具合だ。ここでは、太っている、男である、チョッキを着ている、ハンバーガーを注文した……といった様々な属性の集まり（の全体）と措定された男が、たった一つの属性によって収奪されたわけだ。しかしまだ、男はハンバーガーと関係している。そうではなく、対象が一切の性格を持たず、それ自体としか言いようがない時、対象は固定指示子となる。この時、現実との接点だけで、固定指示子はいかようにも使われることになる。前述のように固定指示性を程度問題と考える時、固定指示子にほとんど認められない性格が開設される場合から、全く認められない無関係な性格が現れるまで、いくらかの多様性は認められるだろう。この時、部分による全体の収奪のような換喩的構造は認められず、我々はそこに、アナロジーを見出すことになるだろう。

第9章「生命理論の存在様式」では、固定指示子によって開設される記号化・脱記号化を先取りする方法論について、トマス・ブラウンの議論から論じている。それは固定指示子から、その周囲を活性化する脱記号化というよりも、対象から逸脱した周囲を前景化することで、逆に対象を固定指示子たらしめ、脱記号化の先取りによって、対象の意味を展開＝転回する方法論と言える。それは、優れて文学的方法といってもいいだろう。果たして第Ⅱ部では、固定指示子形成による記号化・脱記号化を通して開設される「このわたし」が、様々に例示されることになる。

文献

岡田美智男（二〇一二）『弱いロボット』医学書院。

Lakoff, G (1978) Women, Fire, and Dangerous Things: What Categories Reveals about the Mind. University of Chicago Press.（＝池上嘉彦他訳『認知意味論――言語から見た人間の心』紀伊國屋書店、一九九三年）

第7章　以前ゾンビだった私が以後クオリアを持ち、またゾンビとなる

——意識・身体経験と固定指示性

1　はじめに

黒々とした土の黒さを思うとき、私は、冬の寒空の下を歩き回っていた猫の肉球が、アカギレを起こし、硬くひび割れを起こしている、その割れ目の黒さを思う。黒々とした、この土の黒さ——私だけが感じる、主観的感覚。これが、クオリアというものだ。[1] クオリアは、現在の科学の枠組みの中では解決できそうもない、極めて難しい問題——ハードプロブレムとされてきた。哲学者チャーマーズのハードプロブレム宣言以来、[2] クオリアの問題は、時に無視され、時に過剰に評価され、いま、まさに深刻な岐路に立たされている。一方で、それは汎心論、[3] 汎質主義[4]や中立一元論[5]を経由し、内在物理学[6]や内部観測[7]に出会い、徹底して擁護されようとしている。他方で、それは自然化[9]（自然科学による解決）の名の下、クオリアにとって最も重要な性格を削ぎ落され、本質的な意味で、葬り去られようとしている。

果たして、クオリアの問題とは何だったのか。それは、歴史の中で何度も繰り返された、無際限さ、

外部性の問題の変奏であるといえるだろう。或る場合には、生の外部――死の問題として問われ（生の外部である死は、生と否定関係で結ばれるがゆえに、互いに無関係なのか、それとも生の無際限さから生の外部である死への隘路が存在するのか）、また或る場合には、言語における無際限さとして出現し、言語それ自体の外部性として開かれていった。[11][12] クオリアは、近年の意識科学、脳科学にあって、感覚のラベルと感覚のラベルが指し示す現象との対応関係として理解されつつある。[10][13] それはまさに、言葉と意味の対応関係として現象を整理せんとする、言語哲学と同型の議論である。[14] だからこそ、クオリアの問題は、言語の問題を通して整理され、解読の方法も炙り出されるに違いない。無際限さ、外部性は、ラベルとラベルが指し示す現象の関係を、厳密に決定できるかという問題において初めて発生する。このときにこそ、クオリアの問題が見えてくる。

主観的感覚として実験に載せやすく、議論も進んでいるものに、身体感覚を挙げることができるだろう。[15] 或る肉体を私の身体だと感じる身体所有感と、或る肉体を私が操作していると感じる身体操作感は、[16] 一方が他方に派生しているのか、同値なのか、独立なのか、いまだ明確にされていない。[17] 両者の動的関係を解読することは、クオリアそして意識経験を解読することでもある。

本章では第一に、クオリア問題の本質が、近年、思考不可能概念とされる哲学的ゾンビにあり、それが外部を知覚する経験であることだと論じ、外部経験がいかにして可能なのか、日常的経験ならびに数学における距離空間から位相空間の出現を通して論じる。[18] 第二に、外部経験が言語における本質でもあり、外部経験のモデルが、言葉と意味の対応関係を決定しようとする刹那出現する、意味の無際限さから外部への転回に見出せることを、クリプキの固定指示性[19]へ至る議論に見出し、外部経験概念の見通しをよくする。第三に、身体感覚である身体所有感と身体操作感の関係を、外部経験モデルに基づき構築する。最後に、全体を概観し、外部経験、すなわち無際限さが外部へ転回される経験の、意識経験における意味を確認する。

2　ゾンビとトポロジー

クオリアがいかに困難な問題かを示すため、考案された思考実験が、哲学的ゾンビであった。[2] 哲学的ゾンビは、外見は人間と全く同じだ。トマトを見ると、「うまそうだ」と言って近寄り、トマトを取り上げて齧りつく。外界の刺激に対する反応、応答も、人間となんら変わるところがない。身体を構成する要素もすべて人間と同じで、生体検査をしても人間と変わるところがない。脳波を調べてみても、トマトを見せれば後頭部の第一視覚野や、前頭前野の神経細胞が興奮している。ただ一つ、クオリアを感じない、という一点において人間とは違っているというわけだ。すなわち、哲学的ゾンビと人間の違いを科学的に評価しようとすると、違いは一切認められず、しかし両者はクオリアの有無において違うというわけだ。

ゾンビと人間の違いは、ゾンビの定義上、クオリアの有無だけであり、定義上、それは科学的測定の埒外にある。だから、クオリアは、定義上、科学的解明の外部に位置づけられる。ただしそれは、人間一般の知覚外部かというと、そうではない。黒々とした黒色、燃えるような赤、それは各個人が持っている感覚だ、と訴えるわけだ。だからクオリアは、手の届きそうな記述外部の実在、という地位を手にいれることができたのだ。

この類の思考実験は、しかし非常に危ういものではある。生物学的・物理化学的過程であるところの現象が、どのような広がり・射程を有しているか不問に付したまま、現象の及ぶ境界だけは限定でき、その外部にクオリアがある、と決めてしまうのだから。意識経験をもたらす脳内現象の機能が、真にクオリアに及ぶか否か判らない。にもかかわらず、科学的測定の外部にクオリアを位置づけてしまう。クオリアは、この限りで原理的に記述不可能なものとされるのだ。白黒の世界に住み、赤色に関する物理学の全てを知っているメアリーが、初めて色のある世界に出、赤を現実に経験するとき、物理学では理解できない経験をしたはずだ、とする思考実験も同様だ。物理学による理解という経験の射程を不問に付したまま、その限界を抽象的に設定し、境界であるがゆえに、外部を措定してしまうわけだ。その限りで物理学的知識では覆いつくせない経験が、実在することになる。[20]

哲学的ゾンビやメアリーの思考実験は、主観的意識経験を、科学的測定の外部と定義するだけだ。だから、それは科学に接続できるはずがない思考不可能な概念と考えられる。こうして哲学的ゾンビは、意識経験の問題から排除されてしまう。クオリアは原理的に外部性の問題であり、確定的に記述しようとする際の無際限性の問題である。そう言い切ればよかったのだ。そう言わなかったがために、哲学的ゾンビが担う性格は、思考不能の問題と考えられてしまった。しかし外部は定義上認識不能のものでありながら、我々は経験においてそれを知ることができるのである。

＊

盃というものを日常的に知りながら、漠然と自分が目にしていた盃が、その代表的個物であると考えている、そういった子供を想像してみよう。ところがその子供の見ていた盃は、可盃（べくはい）と呼ばれる特殊な盃で、底に穴が開いているものだった。酒を注がれる方は、その穴を指で塞いで酒を受け、飲み干さないことには盃をおけない。そういった盃なのだ。この子供はこの特殊な盃を常日頃、家庭や親族との宴会の席上で見ており——しかしその使われるところはよく見ていない——これを盃一般の原型だと信じていた。だから、この子にとって盃の重要な特徴とは、底に穴が開いていること、であった。この特徴を盃一般の原理として盃を見るとき、様々な色や意匠とは独立に、底に穴のあいた可盃だけが、この子にとって盃となるのであった。逆に、底に穴の開いてない盃は、この子にとって盃ではない。子供が大人に、「盃を取ってきておくれ」と言われたとき、底に穴のない盃は、この子供の目に決して入ってこない。

この子供は、可盃がどのように使われるのか知らなかった。卓上に置かれた可盃を、箸置きか何かと思っていたのだ。ここで、子供は、可盃は液体を注いで使うものではないか、と可盃の形態から推論する。子供はこのとき初めて、自発的に、盃にとって重要な性格とは、液体を受けること、であると考えたのだ。それは勿論正しい推論だ。しかし子供は、現実に盃の使われるところを見、自分が想像していたところの盃の外部を認識したわけではない。ただ、盃の使い方に関して或る推論が成立しただけだ。この推論によって、子供の盃の定義は、すっかり変わることになる。底に穴が開いているか否かは、もはや関係がない。指三本ほどで持ち上げられ、液体を受けられる容器こそが、盃として定義されることになる。こうして、いままで認識の埒外にあった、穴の開いていない通常の盃やぐい飲みが、子供にとって盃と認識されることになる。

可盃の状況は一般化されるだろう。まず、或る概念に対して、特定の定義——前提といってもいい——が採用され、それによって概念の何たるかが調べられる。可盃の場合、前提は、「底に穴があいている」とあり、「液体を受けられる」なる性格がこの前提から帰結された。それが或る時、突然、前提と帰結の関係が入れ替わる。入れ替わることによって、以前の前提から出発した時には決して認識されなかった、その時点での認識外部(すなわち穴のあいてない盃)が、概念内部へ取り込まれることになる。外部に何があるかを認識し、それを取り込むのではない。概念形式の内部にある前提と帰結を入れ替えることで、結果的に概念形式の外部が取り込まれるのである。

前提と帰結の置き換えによって外部が取り込まれるのは、日常的な概念推定のような事例に留まらない。数学の例で考えてみよう。[18] 距離空間は、集合を与え、その要素間に距離を定義してやればいい。距離とは、正の量であり、出発点から到達点までの距離と到達点から出発点までの距離が同じという対称性を有し、三角不等式を満たすことで定義される。こうして距離空間は、距離を前提として構成される。距離空間の性格は、この前提から証明可能な性格として得られることになる。その一つに近傍のような性格がある。要素(点)を中心とした或る半径で定義される微小空間を近傍という。このとき半径を無限に小さくしてみると、近傍の中に近傍が存在することや、或る近傍と別な近傍の交わりの部分にも近傍が存在することなどが証明される。これは、距離を前提として帰結された距離空間の性格である。ここで帰結を前提としてみる。すなわち、距離という概念を忘れ、近傍の定義を、距離空間において帰結された近傍の性格――未定義に近傍という名を用い、近傍の中に近傍が存在する、などの性格を満たすものを、近傍と定義するのである。こうして得られた空間が、位相空間(トポロジカル空間)である。位相空間は、距離空間を部分として含む、拡張された空間概念となる。すなわち、距離空間における前提と帰結を転倒させることで、距離空間のみならずその外部の一部まで取り込んだ位相空間が開設される。それは、距離空間内の前提と帰結を転倒させることで、以前の距離空間においては認識不可能だったその外部が、いつの間にか取り込まれるという過程を示している。それは、可否において認められた、前提と帰結の転倒がもたらす、外部の内化に他ならない。

哲学的ゾンビの議論において、クオリアは、徹底した外部であった、というべきだった。距離空間における外部は、距離空間において認識不可能だ。しかし前提と帰結の交替によって、計らずも以前の外部は以後の内部となる。外部は絶えず認識不可能でありながら、経験において、外部が認識の果てに広がっている（いた）ということを我々は知ることになる。だから、外部性、無際限性は決して思考不可能なわけではない。我々は、外部性、無際限性としてのクオリアを、積極的に構想すべきなのである。

3　クオリアとクリプキ

もし哲学的ゾンビが、思考不可能という理由で排除されるなら、クオリアの問題は簡単な問題となる。足の小指を柱の角にぶつけた「痛み」というクオリアについて、考えてみよう。私の痛みは、脳の中の「痛み」のラベルと、腫れ始めた足の小指、小指への血流や神経系の電気信号から成る、全体の関係としてもたらされる、包括的現象だと考えられる。心の科学において、ラベルは表象、表象が指し示す現象の全体は志向的内容と呼ばれる。[10][21] つまり、ここにあるのは言語における所記（言葉の表す内容）と能記（言語表現）の関係と同型の構造だ。[22] 表象と志向的内容が、その関係を唯ひとつに決定できるなら、かかる表象の意味は決まるだろう。しかし志向的内容の方は、本来、どこまで広がっているのかわからない不定な概念だ。

　この不定性を正面から取り上げることが、哲学的ゾンビを思考可能概念とみなすことに対応する。なぜなら、科学的方法という表象の及ぶ範囲である、志向的内容の外部にこそ、人間とゾンビを区別するクオリアが位置づけられており、この意味でのクオリアを許容するということは、科学的方法の及ぶ範囲が確定できず、外部へ連続的に広がっている、そういった不定性を認めることに他ならないからだ。不定性を排除できるなら、「痛み」なる表象と「痛み」が志向する志向的内容の関係は一義的に決まり、私は「私の痛み」の何たるかを決定でき、痛みを享受できる。そうであるなら、不定性はクオリアの実在に対し、むしろ障害であるようにも思える。

　そうではない。我々の痛みは、痛みとして知覚されながら、痛みではない可能性にも同時に開かれている。つまり痛みの原因が不在のまま、痛いと感じることがあるし、逆の場合もまた存在する。そのような場合、我々はどうしても真の痛みと偽の痛みを区別し、痛みそれ自体の知覚と知覚に関する解釈を分け、解釈における誤りとして、偽の痛みを説明しようとする。しかし、痛みの解釈が知覚される痛みに派生的なものなら、痛みの原因が実在し（痛みの知覚は存在し）、痛みの解釈が成立しない場合、その解釈を修正しようとする高次の脳活動が活性化されるだろう。逆に痛みの原因が存在しない場合、痛みの解釈のみが成立する誤作動は、殆ど起こり得ないはずだ。痛みの知覚と解釈の可能な組み合わせ、すなわち、知覚存在・解釈不在、知覚不在・解釈存在、が可能な場合、知覚と解釈の間にあるのは派生関係ではない、と考えるべきだろう。すなわち、痛みそれ自体――痛みの知覚――と、知覚された痛みに対する解釈は、互いに独立であるように振舞っている。

　知覚と知覚に対する解釈は、完全に独立というわけではない。だから、痛みの原因がなく痛みの知覚が存在しない場合、痛みの解釈は、痛み知覚の不在に対して成立すると考えられる。痛み知覚として経験される閾値に達しておらず、しかし存在する微弱な痛み知覚は、痛み解釈を通常抑制しているとしよう。この仮定に基づくなら、むしろ痛み知覚の不在は、微弱な痛みさえ存在しないことによって、痛み解釈の抑制を解き、痛み解釈の突出を許すことになる。このように、痛みの知覚と解釈は、一方が一義的で他方が派生的というわけではなく、相互に動的な連関を持つものと言えるだろう。このとき、知覚に対する解釈と、知覚の不在に対する解釈とが、共に成立するという事態を認めざるを得ない。すなわち痛み知覚を、痛みの原因それ自体とみなし、痛みの解釈を、痛みのクオリアとみなすとき、痛みの原因が存在する場合、存在しない場合の両者に対して、痛みのクオリアがもたらされる、という状況が得られることになる。この状況において、痛み知覚を痛みの志向的内容、痛みの解釈を痛みの表象と置き換えてみよう。「痛い」という表象は、痛みの原因が存在する現象的全体と、存在しない現象的全体の両者を指し示すことになる。この点において、「痛み」は、通常「痛み」が指し示す志向的内容——痛みの原因を含む現象——の外部さえ指してしまっている。それこそが、クオリアについて考えるべき問題なのである。

痛みの知覚と解釈といった双対的特性は、様々な状況で認められる。まず、視覚における知覚と知覚していることの自覚的解釈（ここではこれを感覚と呼ぶ）の対の半独立性が挙げられる[24]。知覚が成立しながら、感覚が成立しない人にあって、障害物を避けて歩くように「見え」が成立した行動がとれるにもかかわらず、その人は「見えてない」と主張することになる。これを盲視という。この延長上で、「見え」が成立しないが、「見えていない」とは言わないスーパー盲視を想定可能だろう。スーパー盲視は、実在しても不思議ではない。ところがその症状は、見えの感覚すなわちクオリアを失っている哲学的ゾンビに他ならない。つまり、哲学的ゾンビは、意識経験のない人工物として想定されているが、それは普通に実在し、意識経験がないとは言えないというわけだ。哲学者のデネットは、このような論調で、かつて哲学的ゾンビの思考可能性を否定したのである。[24]

しかし私の議論は、同様の手続きをとりながら、無際限性・外部性を体現する装置として哲学的ゾンビを擁護するものだ。デネットの議論では、ひとたび視覚に関する知覚と感覚を、意識の重要な属性と認めるや否や、その可能な組み合わせによって、意識体験の分類をする方向へ向かう。それらはすべて意識経験の内部のみの議論である。外部性がいつの間にか取り込まれるといった、変化や、経験は排除される。逆に変化や経験を認めるなら、内側にいながら同時に外部に言及する態度が必要になる。その変化の瞬間において、矛盾する両義性を認めざるを得ないのである。スーパー盲視も平凡な我々も、共に意識経験に内属する者である、ではなく、以前には外部であったゾンビが、以後においてクオリアを持つ人間となった、と考えるのである。そのためには、ゾンビが人間となる瞬間を、認めざるを得ない。それこそが、痛みの解釈が、痛みの存在（志向的内容の内側）にも不在（志向的内容の外側）にも成立してしまう矛盾の許容をもたらすのである。

表象と志向的内容の対を想定し、前者のラベル的性格、後者の無際限性という性格の質的相違に目を向けながら、表象と志向的内容の一致を唱えた議論が、大森荘蔵の「重ね描き」[25]である。立方体というラベルと、網膜像として成立する無際限個の二次元画像――知覚表面とが、一致しないにもかかわらず同一視され、両者間の照合を不問に付してしまう。我々が経験において概念、立方体を獲得するのは、無際限に存在する知覚表面の集合と、理念的「立方体」を、一致させることができるからだ、と大森は述べる。もし両者を統合可能で、なんらかの新たな要素に回収できるなら、それは一元論を意味する。両者の独立性が証明され、統合が不可能なら、それは二元論を意味する。ところが大森は、ラベルと無際限の集合という質的相違が存在するにもかかわらず、両者は（統合されるのではなく）ぴったりと一致する、と唱える。異なる両者が重なって、一つの見えとしての在り方を示しながら、二つであることを担保する。これが「重ね描き」である。だから、それは一元論でも二元論でもない理論と位置づけられるだろう。

重ね描きにおいては、知覚表面の無際限さを担保し、有限の確定的指示表現に還元することはしない。無際限性に定位した理論である。しかし無際限性が、指示表現の外部に転じていくことには触れられない。重ね描きは、あくまでも、立方体の知覚が可能である理由を、結果的に説明するに過ぎない。だから、そこには、知覚自体の変化、進化、発達に関する議論がない。重ね描きという方法が、生物の進化によってもたらされた、と、これも結果に対する説明として述べられるに過ぎない。したがって「重ね描き」の理論は、無際限さを排除することで表象と志向的内容の一義的関係を決定し、あとはその関係の分類によって意識を分類する意識の哲学の趨勢と異なるものではない。

*

本章の冒頭、私はクオリアの問題とは、外部性・無際限性の問題の変奏であり、言語においても、同型の問題が議論されたといった。それは言語ゲームを標榜した哲学者、ウィトゲンシュタイン[26]とクリプキ[12]を念頭においてのことだ。クリプキはまず、言語使用の根拠を、あえて指示表現とそれが指す指示対象との対応関係に求める。「不完全性定理の証明をした人」という指示表現は、ゲーデルその人を指示対象とする、というように。それは、「ゲーデル」という名前の意味は「不完全性定理の証明をした人」である、と言い換えてもいいだろう。「ゲーデル」は表象であり、「不完全性定理を証明した人」は、その志向的内容だと考えるのである。ゲーデルその人を表す表現は、本当はいくらでも記述において膨らませることができる。つまり指示表現は、本来、無際限さに開かれている。その無際限さを積極的に無視、もしくは、有限表現に封緘することで、指示表現と指示対象（もしくは名）の対応関係は唯ひとつに決定できる。「ゲーデル」は、「不完全性定理を証明した人」の置き換えに過ぎない。だから我々は言葉が使用できる、というわけだ。

ひとたびこのような言語使用の根拠を認めながら、クリプキは、次のような可能性を想像するよう読者に強いる。それは、ゲーデルが、本当は、不完全性定理の証明などしておらず、単にそのアイデアを誰かから剽窃し、論文を自分の名前で刊行しただけである、と考えよというのである。そのような状況は、可能的に起こり得る。したがって、そのような状況に、言語は当然対処できなければならない。ところが、表象「ゲーデル」が「不完全性定理を証明した人」を意味することを根拠として、「ゲーデル」が使える状況では、この仮定が現実となるとき、すぐさま、「不完全性定理を証明した人」は、「不完全性定理を証明していない」を意味することになってしまう。それは矛盾だ、というわけだ。

言語使用の根拠を、指示表現と指示対象の関係がただ一つに決定できること、に求めることで、この矛盾がもたらされた。だから我々は、この言語の根拠を破棄せねばならない。では他方、言葉は何と対応を持つのか。「ゲーデル」という名は、「不完全性定理の証明をした人」ではなく、何を指し示すというのか。クリプキは驚くべき解答を示す。「ゲーデル」という名は、「ゲーデル」という名それ自体を指すだけだ、というのである。これを言葉の固定指示性という。固定指示性を担う言葉を固定指示子という。こうして言語は、一切の矛盾から逃げおおせるというわけだ。

クリプキの論点は、まさに指示表現の無際限性にあり、無際限性は外部性につながっているという点にある。「ゲーデル」を指示する指示表現は、前述のように確定はできるが無際限さに開かれている。「丸眼鏡をかけている」や「バーで働く女性と恋仲になった」など、いくらでも様々な表現を書き連ねることが可能だろう。クリプキが想定する実在論者は、この無際限さに抗し、有限で指示表現を確定する方向へ向かう。「ゲーデル」と「不完全性定理を証明した人」とが、互いにただ一つのものを指し示し合う関係であると述べるわけだ。無際限さの観点から言えば、それでは何の意味もない。無際限さの意義は、唯ひとつに決定できたはずの確定的指示表現、その外部さえ、指示表現に潜在してしまうこと、に求められる。だから、確定的指示表現「不完全性定理を証明した人」は、「不完全性定理を証明しなかった人」までも潜在させるというわけだ。言語の意味——指示表現は、無際限さを有する。だからこそ、言語は融通無碍に変化し、進化し、生きている。

翻って、クリプキは、指示表現の無際限性が外部に転回される点にこそ、言語の本質を見出し、それは言語それ自体に内属しないと主張することになる。言語に無際限さを内属させるとき、出てくるのは矛盾だけだ。だから固定指示性を導入することで、言語を言語使用の場から切り離し、無際限性、外部性は、言語使用の場に委ねるのである。言語使用の場——それこそ、ウィトゲンシュタインが、言語ゲームと呼んだものである。

クオリアにおける、表象と志向的内容の関係は、クリプキにおける指示対象と指示表現の関係に他ならない。両者の関係を、確定可能であるがゆえに意識経験の根拠となる、とする議論は、クリプキが仮想的に想定する実在論者の議論に他ならない。まさに、「痛み」という表象が、「痛みの原因を含む現象の全体」のみを志向的内容とするのではなく、「痛みの原因を含まない現象の全体」さえ志向し得ることが、クオリアの本質である。常識的に想定される指示表現（不完全性定理の証明をした人）の外部（不完全性定理の証明をしなかった人）さえ指し示す「ゲーデル」と同じ問題なのである。

しかし意識経験は、言語と違って環境に対する応答がすこぶる速い。ウィトゲンシュタイン、クリプキと同じ結論ではあっても、異なる表現を展開することが可能だろう。言語と言語使用の場を切り離し、無際限性、外部性の問題をすべて言語使用の場に委ねるのではなく、外部性へ転回される無際限性を、実験的に解読することが可能となる。まさに意識経験は、経験において解読することが可能となる。このとき、外部性を経験する技法であった前提と帰結の転倒が、経験的解読の鍵となる。ここでは特に、身体経験において、意識を論じることとする。

4　わたしの身体

近年の認知科学で問題にされる自己意識に、身体感覚がある。ここで身体感覚は、身体所有感と身体操作感に区別されて論じられる。身体所有感とは、身体が私のものである、とする感覚である。[27] 身体操作感とは、身体の動きの原因は私にあり、私が操作しているという感覚である。通常、自分の肉体に対して、所有感と操作感をわざわざ区別して感得することはないだろう。認知科学でこの区別に決定的役割を果たしたものは、ゴム手錯覚と呼ばれる実験系の考案であった。[28] テーブルの真ん中には高さ三〇センチほどの衝立が置かれ、被験者は衝立の右側あたりに対面するよう、椅子に座る。衝立の右側にはゴム製の左手が置かれている。被験者は自分の左手を衝立の左側に置き、直接目に触れないようにする。ここで実験者は、衝立の左側に置かれた被験者の手と衝立の右側に置かれたゴム製の手の同じ場所（小指なら小指、手の甲なら甲）を、同時に、筆で触れるのである。このとき被験者は、ひたすらゴム製の手を注視する。ゴム手の人差し指が触れられているとき、まさに自分の人差し指が触れられているのを感じる。もちろんゴム手は動かないため、身体操作感は不問に付されている。しかし、視覚刺激と触角刺激の完全な同期のおかげで、被験者は、ゴム製の手を自分の手だと錯覚するのである。

最近では、身体所有感に関する錯覚は身体の部分に留まらず、全身にまで及ぶ実験系[29]や、身体が透明人間化する実験系も考案されている[30]。また、身体所有感が失われ、身体操作感のみが得られる実験[31]や、その逆の実験系も考案されている[32]。しかし身体所有感と身体操作感の関係については、まだ研究が始まったばかりで、未だよく理解されていない。我々の研究室では、両者の関係を動的に変える実験系を構築し、現在実験を進めているところであるが、身体操作感と所有感は、一見独立でありながら動的に関与する、動的双対関係を構成していると考えている[33]。双対性を構成する二つの要素を、ここでは双対性要素と呼ぶことにしよう。

身体操作感と身体所有感の対は、盲視で述べた知覚と感覚の対に対比できるだろう。知覚と感覚の対は、これ自体で、表象と志向的内容の対であり、指示対象と指示表現の対である。ここでは、操作感を感じる身体と、所有感を感じる身体を別のものと想定し、各々、操作身体、所有身体と呼ぶことにする。表象や指示対象に相当する操作身体、志向的内容や指示表現に対応する所有身体の各々において、動的双対性が見いだせる。以上の関係を、図7－1Aに示す。操作身体は、私の意識（意図的

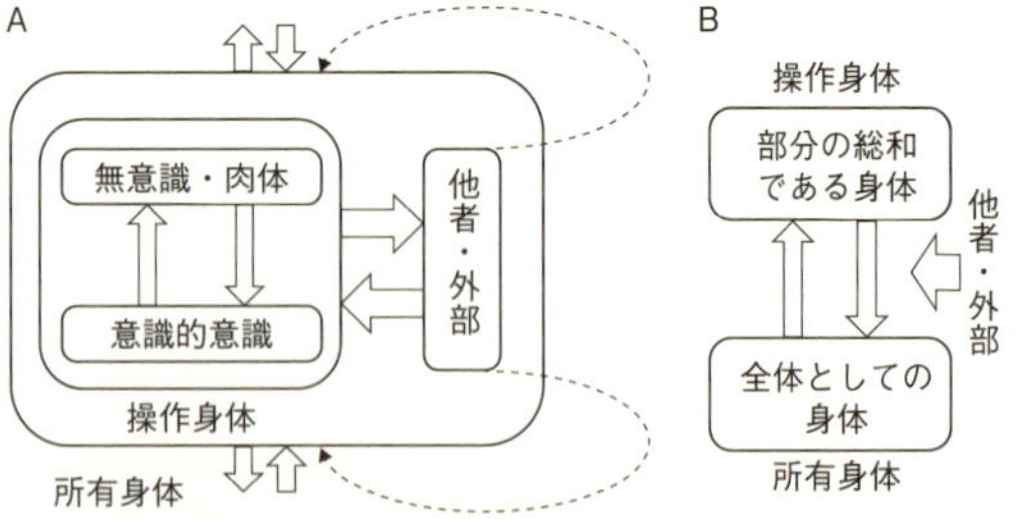

A

操作身体
無意識・肉体
意識的意識
他者・外部
所有身体

B

操作身体
部分の総和である身体
他者・外部
全体としての身体
所有身体

図7－1　操作身体と所有身体の関係。A. 他者・外部と分離された操作身体と、他者・外部を動的相対性要素とする所有身体の関係。点線は外部へのトンネルを意味する。B. 他者・外部を媒介としてAから描き替えられた操作身体、所有身体の関係。

意識）が鎮座する私の肉体である。すなわち双対性要素は、意図的意識と、それが操作しようとして——しかし部分的にしかできない——対峙する無意識と肉体によって構成される。この動的双対性を封緘した身体こそが、操作身体である。この状況だけ考えるなら、巨人ロボットに乗って、自ら自分の身体を操作しているような状況だ。実際、この比喩は操作感に関してだけなら正しいに違いない。身体の各部、指や腕、手や足は、操作目的に応じて対象化され、その対象を操作すればよい。この限りで、操作身体は、部分から構成された身体であることがわかり、また身体にある種のリアリティーを与えているのは、所有身体の方であると理解できる。

　操作身体と、これと対峙する他者・外部を双対性要素とする身体、これが所有身体と考えられる。肉体は、操作されんとするとき、操作対象の集合とみなされる。他方、操作身体を外部との関係において一体とみなすとき、操作身体を構成する部分は無効にされ、ただ総体が一個の、境界を持った塊として把握される。この、身体境界を再認識し、追認する身体の場こそが、所有身体と考えられる。図7－1Aに示すように、所有身体は、他者・外部を自らの双対構造の一部、双対性要素としながら、同時にそれは徹底した外部となり、所有身体埒外の外部となっている。他者・外部から波及する点線は、それが所有身体外部に接続され、所有身体自体に環境として影響を与えることを示している。外部でありながら、内的な構成要素、この二重性が、無際限性・外部性を意味する。動的双対性の構成要素であるとき、他者・外部は、無際限さであり、身体内部に見出される地平線のようなものだ。地平線として内側から望まれる身体認識の果てが、その線に無際限さを潜在させ、そこから外部へ転回されて初めて、所有身体の構成要素である他者・外部は、真の外部性を獲得することになる。したがって、図7－1Aの点線は、身体の内から外部へ通ずるトンネルであり、そのトンネルは、無際限から外部性への時間を伴う移行・変化でもある。だから、それは、純粋な空間的構築物ではなく、時間をも内蔵していることになる。

図7－1Aにおいては、操作身体と所有身体とは階層的にも見える。しかし、それは他者・外部が、無際限性として内部に存在し、外部性として外部へ転回される、その二重性に起因した見かけ上の階層である。操作身体と所有身体とは、外部・他者を媒介として動的双対性を構成するもの、とも図示することが可能だ。それが図7－1Bである。まさに、操作身体と所有身体とは、知覚と感覚のような関係を持ち、互いに独立であるかのように振舞いながら、相互に調整し合う関係を取り持つことになる。

いかにして、図7－1Bに示すような、相互に調停し合う関係が出現するのか。それを実現するのは、前節でみた前提と帰結の絶えざる転倒であり、それによってもたらされる、「痛み」（または「ゲーデル」）に認められた、表象（または指示対象）が指し示す志向的内容（または指示表現）の、無際限さから外部性への転回である。操作身体を構成する無意識・肉体と意図的意識は、概念を構想する際の前提と帰結の関係にある。意図的意識が能動的に肉体を操作せんとするとき、意図的意識は前提となり、操作される肉体はその帰結となる。しかしこの能動・受動関係はすぐさま反転する。意図的意識は、実は準備電位と呼ばれる脳部位の活動によって開始される無意識的発動を、事後において自らが開始した、と解釈するに過ぎないからだ[34]。意図的意識の活動は、むしろ受動的に、無意識・肉体によってもたらされている。こうして意図的意識が帰結、無意識・肉体が前提となり、前提と帰結は入れ替わることになる。

準備電位による意図的意識の事後における解釈という描像が真実で、真実は暴かれ、ここで受動・能動の反転は終結するのだろうか。そうではない。或る時間スケールにおいて、意図的意識の発動は、事後であり、受動であっても、もっと長い時間スケールでは、やはり意図的意識は能動であり、事前であり、前提であるからだ。「指を動かしてみる」の発動は、意図的意識によってなされたのではなく、無意識が勝手に発動した結果に対する事後の解釈に過ぎない。それはそれで構わない。しかし、その指を動かしてみる行為が、実は遠くにいて今は見えない、この時間になるとやってくる猫を呼び寄せる動作であると想像してみよ。この場合、準備電位が意図的意識の発動に先行する時間スケールより、ずっと長い時間スケールで、意図的意識は、やって来る猫に餌を与える肉体の運動を、企図し準備したのである。こうして、意図的意識が前提であり、無意識・肉体が帰結であるとする反転が再度起こる。この連鎖として、前提と帰結の絶えざる反転が実現されることになる。

可盃を盃の原型だと信じていた子供の例や、距離空間から位相空間が出現した例のように、前提と帰結の反転は、外部を直接見出すことなく、いつの間にか以前の外部が以後の内部となる変化をもたらす。それこそが、操作身体のフロントとして存在していたはずの地平線・無際限性を、外部へ転回する変化である。「ゲーデル」という操作身体に対応する指示対象が、「不完全性定理を証明した人」に留まらない指示表現の無際限性に気づき、指示表現の外部――「不完全性定理を証明しなかった」

へと転じるように、地平線・無際限性はその外部性を露にする。このとき初めて、地平線でしかなかった操作身体の果てが、その更に外部を認めることによって、境界となるのである。前縁（フロント）が境界になるということで、身体の境界は再認・追認され、「私の身体」は、一個の丸ごとの全体として捉えられる。このとき初めて、私の身体は、私によって所有される。これが所有身体なのであり、操作身体における無際限性が外部化することでもたらされる、操作身体から所有身体がもたらされる過程なのである。逆に、外部が背景へと退き、境界が再度前縁化するとき、所有身体は潜在化し、操作身体が顕在化することになる。もちろん外部が退くというのは、私とは独立の外部環境によってのみ、もたらされる事象なのではない。それもまた、操作身体を構成する双対性要素間の反転運動が弱体化することに起因するのである。

この操作身体と所有身体の相互作用を、図7－1Bに従って、もう一度見直してみよう。一見独立に見える操作身体と所有身体は、他者・外部を介して接続し、相互作用しているのであり、他者・外部が背景へと消え、境界が前縁化すると、所有身体は弱体化し、操作・身体のみが先鋭化する。逆に、他者・外部が前景へと顕在化すると、操作身体が弱体化し、所有身体が前面に浮かび上がる。こういった動的調整が、二つの身体の間で継起する。ただし、図7－1Bの描像では、他者・外部と、所有身体、操作身体の内部構造との関係がわからず、その限りで、他者・外部の前景化・背景化は、私の身体と無関係な、偶然の事象とみなされてしまう。図7－1Aの描像を見極めない限り、外部は不可知とされ、経験が擁護されない。

図7－1Bの描像は、認知科学・脳科学にあっても、いくつかのモデルが提案されている。それは、例えば三人称的視点と一人称的視点の双対性であり[35]、内的関係として風景を捉える描像と超越的原点

（ランドマーク）から捉える描像の双対性であり、[36] これらのモデルを身体に敷衍した、一人称的身体と、一人称的身体を貼りあわせて構成された三人称的身体の双対性である。[37] 複数の一人称的身体がデータとして収集され、貼りあわされ、三人称的身体が絶えず更新される。更新された三人称的身体によって、一人称的身体のデータ採取様式が変更されることになる。こうして二つの身体性は相互作用する。二つの身体の連関が切れるとき、三人称的身体は更新されない。[38] これが拒食症の原因だと言われている。[39] 鏡で見る一人称的身体は痩せていっても、自己身体イメージとして構築される三人称的身体が更新されないため、「私は痩せていない」と結論されるわけだ。しかし、これらのモデルでは、一人称的身体を貼りあわせて作る際の外部性の意味が失われている。いかに努力しても、一人称的身体データは身体全体を覆いつくせない。隙間を埋める外部性の寄与が、三人称的身体構築にはどうしても必要となる。図7－1Bに留まる双対的身体モデルでは、それが果たせない。

図7－1Aに立って初めて、外部を直接捉えることなく、前提と帰結の反復的転倒によって、無際限性が外部へ転回されるのであり、「不完全性定理を証明した人」が「不完全性定理を証明しなかった人」までに転回されるのであり、（科学的測定の内部に留まることで）ゾンビか人間かわからなかった者が、（科学的測定の外部で判明する）ゾンビではなく人間となるのである。図7－1Bに立つものは、双対的身体の外部を身体から分離することで外部を不可知なものとし、思考可能な内部——ここでは操作身体と所有身体から構成される身体世界——の分類に拘泥することになる。図7－1Aの展開によって、我々は、経験、進化、発達、そして時間を論じることができるのである。

5　むすび

クオリア問題の核心は、主観性が客観性の彼岸としてしか表し得ないという点にある。客観的に表現し記述しようとする限り、いかに十全な記述を努めても、そこから漏れるものがある。それこそが、主観的感覚だというわけだ。この限りで、クオリアは客観的表現不能なものと定義される。科学的測定とは客観的表現に他ならないから、クオリアは科学的測定から漏れる性質ということになる。しかし定義上、科学的に判定不可能というのでは、思考不可能概念と思われてしまう。ところがクオリアは、誰もが感じるはずだ。あなたのクオリアは私にはわからないが、あなた自身は知っているはずだ。このような直観に訴える方法で、クオリアは、「科学の埒外の何か」によって定義されるのではなく、思考可能な実在とみなされることになる。こうしてクオリアの解明は、ハードプロブレムという地位を獲得することになる。

クオリア問題のこの危うさは、哲学的ゾンビにおいて顕著に出現する。そこで意識の哲学を標榜する者は、哲学的ゾンビを思考不可能な概念として退け、これを除去した上で、ハードプロブレムに挑まんとする。しかし、客観的表現の彼岸としてクオリアを定義するゾンビの思考実験は、クオリア問題の核心である。これを除去するとき、ハードプロブレムという地位はもはや成立しない。

改めて、クオリア問題の核心とは何なのか。それは、無際限さが外部性に転回して出現する経験、変化、時間の問題だったのだ。そしてそれは、言語の問題の核心に他ならない。主観的質感であるクオリアは、一見すると記号化とは程遠い、丸ごとの、この私の経験だ。しかし、痛みを感じて「痛い」と叫ぶこと、痛みに顔をしかめること、「痛み」が私において出現すること、を対比するとき、それらはいずれも単なるラベルであって、ラベルが指し示す実質的現象との対において、痛み経験が成立していると思われる。実際、意識の哲学において、意識経験は、表象と志向的内容の対応関係によって理解されるに至っている。それはまさに、言葉と意味の対応、指示対象と指示表現の対応に他ならない。意識経験の問題は、言語の問題の変奏に過ぎない。

言語の問題の核心は、言葉とその意味との対応関係を決めようとしても、意味が無際限に溢れ、そのまま、確定されたはずの意味の、その外部へ転回されるという問題にあった。だから言語を言葉と意味との対応関係において捉えようとすると、逆に矛盾に導かれる。しかし、その矛盾へ至る証明過程——無際限さの発見とそこから生じる外部への転回——こそが、言語において認められる経験、時間の過程なのである。意識経験の問題が言語の問題と同型とはいっても、言語という問題系においては、経験、時間の問題へと展開されていない。意識経験、クオリアの問題においてこそ、この展開が可能となるに違いない。

言語問題の核心、無際限さが外部へと転回されることで出現する経験、時間の問題は、わたしの身体という問題において、より鮮明な形で議論できる。言語表現は恣意的で多様で無際限さを示してはいるが、変化には時間がかかる。無際限さから外部への転回を、極めて短い時間で実験的に見ることは難しい。認知科学・脳科学において、身体感覚を解読する、様々な実験技術が構築され、無際限さから外部への転回を評価することが、可能になりつつある。意識経験の問題、言語の問題の核心は、身体問題において変奏され、或る解読をみることになる。

身体経験で最も多く議論されている概念が、身体操作感と身体所有感である。本章では、具体的実験を設計し、概念の見通しをよくするために、二つの身体感覚が開設する二つの身体——操作身体と所有身体——を構想し、両者の動的関係を論じた。意識と言語に見出される表象（指示対象）・志向的内容（指示表現）の双対関係、およびそこに認められる無際限さから外部への転回を双体関係に内在させることで、操作身体と所有身体の関係を導いたのである。それは、身体概念、意識経験という概念や、今後なされるべき実験設計の見通しを、よくするはずである。意識、身体、言語を、経験・時間において解読する術は、まさに実験という経験において実現されることになる。

ちょうど、この原稿を書き終えたころ、アニメ作家、宮崎駿の近況を伝えたドキュメンタリーが、テレビで放映されていた。その中で、若いエンジニアが、自作したCG動画を宮崎に見せていた。人工知能（おそらく進行を模したジェネティック・アルゴリズム）を使い、前進することだけを目的として人間の運動モデルを進化させると、顎や足、肘を使って匍匐する運動が進化した、という。人間には思いもつかないこの動きは、しかし、ゾンビのアニメやゲームに使えるのではないか、若いエンジニアは、宮崎にそう言ったのである。これに対し宮崎は、その動きが、毎朝散歩する彼自身とハイタッチする、身体の不自由な友人の動きを思い出させる、と言う。そういった、懸命な必死の動きを、即、ゾンビというのは、生命への冒瀆ではないか、宮崎は怒りに震えながら、そう質したのだった。ゾンビ概念の使い方が、本章とはちょうど逆になっているが、感覚は共通している。すなわち異質なもの（本章での外部、宮崎のいう異様な動き）は、外部でありながら、無際限さから転じて繋がっているのである。宮崎がもし、外部はなく、みんなが同じ、同じだから共同体、という感覚を持つなら、若いエンジニアのゾンビ映像に、友人の動きを見出さなかったろう。しかし宮崎は、外部を受け容れ、外部へも繋がる動勢に生命を見出し、逆に、若いエンジニアは、外部を唾棄すべきもの（彼のいうゾンビ）と切り捨てたのである。外部への転回という感覚は、まさに生命、身体に対する感覚を、鋭敏にする。だか

らこそ、ゾンビだった私がクオリアを持ち、またゾンビとなる、のである。(40)

註と文献

（1）Chalmer DJ（1995）Facing up to the problem of consciousness J. Consiousness Studies, 2（3）: 200-219.
（2）Chalmer DJ（1996）The Conscious Mind: In Seach of a Fundamental Theory. New York NY: Oxford University Press.
（3）Strawson G（2006）Realistic monism: why physicalism entails panpsychism. J. Cons Stud 13: 3-31
（4）Chalmer DJ（2007）Naturalistic dualism. In: Velmans M, Schneider S, editors. The Blackwell Companion to Consciousness. London: Blackwell Pub Ltd, 359-368
（5）Seger W（2012）Classical Levels, Russian Monism and the Implicate Order. Found Phys, 43（3-4）: 548-567.
（6）Silberstein M, Chemero A（2015）Extending Neutral Monism to the Hard Problem. J Cons Stud, 22: 181-194.
（7）Atmanspacher H, Romer H, Walach H（2002）Weak Quantum Theory: Complementarity and Entanglement in Physics and Beyond. Found Phys, 32: 379-406.
（8）Gunji YP, Shinohara S, Haruma T, Basios V（2016）Inversse Baysian inference as a key of consciousness featuring a quantum logical structure, BioSystems（under review）.
（9）Dreski F（1995）Naturalizing the Mind. The MIT Press（邦訳：『心を自然化する』鈴木貴之訳、勁草書房、二〇〇七年）。
（10）鈴木貴之（2015）『ぼくらが原子の集まりなら、なぜ痛みや悲しみを感じるのだろう』勁草書房。
（11）Wittgenstein, L（1953）Philosophical Investigation. G.E.M. Anscombe and R.Rhees（eds.）, G.E.M. Anscombe（trans.）, Oxford: Blackwell（邦訳：『哲学探究』、藤本隆志訳、大修館書店、一九七六年）。
（12）Kripke, S（1982）Wittgenstein on Rules and Private Language.（邦訳：『ウィトゲンシュタインのパラドックス——規則・詩的言語・他人の心』黒崎宏訳、産業図書、一九八三年）。
（13）Harman G（1990）The Intrinsic Quality of Experience. Philosophical Perspectives, 4: 31-52（邦訳：「経験の内在的性質」鈴木貴之訳『シリーズ心の哲学Ⅲ　翻訳篇』信原幸弘編、勁草書房、二〇〇四年）。
（14）ここで問題にしているのはクリプキが想定する、指示表現が有する性質のほとんどを満たす唯一の対象が決定でき、これを指示対象と呼ぶ、という指示表現と指示対象の関係である。

（15）Gallagher S（2000）Philosophical conceptions of the self: implications for cognitive science. Trends Cogt Sci 4: 14-21.
（16）Tsakiris M, Prabhu G. Haggard P（2006）Having a body versus moving your body: how agency structures body-ownership. Concious. Cogn, 15（2）: 423-432.
（17）Klackert A, Ehrsson HH（2012）Moving a rubber hand that feels like your own: a dissociation of ownership and agency. Frontiers in Human Neuroscience, http://dx.doi.org/10.3389/fnhum.2012.00040.
（18）青木利夫・高橋渉（1979）『習合・位相空間要論』培風館。
（19）Kripke SA（1972）Naming and Necessity, Springer（邦訳：『名指しと必然性――様相の形而上学と心身問題』八木沢敬・野家啓一訳、産業図書、一九八五年）。
（20）Jackson F（1986）What Mary didn't know. The Journal of Philosophy, 83（5）: 291-295.
（21）Tye M（1995）Ten Problema of Consciousness. The MIT Press.
（22）フェルディナン・ド・ソシュール（1972＝邦訳）『一般言語学講義』小林英夫訳、岩波書店。
（23）Humphrey N（2006）Seeing Red. Harvard Univ press（邦訳：『赤を見る――感覚の進化と意識の存在理由』紀伊國屋書店、二〇〇六年）。
（24）Dennett（1992）Consiousness Expanded, Little Brown（邦訳：『解明される意識』山口泰司訳、青土社、一九九七年）。
（25）大森荘蔵（1994）『存在と時間』青土社。
（26）入不二基義（2006）『ウィトゲンシュタイン――「私」は消去できるか』ＮＨＫ出版。
（27）Synofzik M, Vosgerau G, Newen G（2008）Beyond the comparator model: A multifactorial two-step account of agency. Conscious Cogn, 17（1）: 219-239.
（28）Botvinick M, Cohen J（1998）Rubber hands 'feel' touch that eyes see. Nature, 391（6696）, 756.
（29）Lenggenhager B, Tadi T, Metzinger T, Blanke O（2007）Video ergo sum: manipulatiug bodily self-consciousness. Science, 317（5841）, 1096-1099.
（30）Guterstam A, Gentile G, Ehrsson HH（2013）The invisible hand illusion: Multisensory integration leads to the embodiment of a discrete volume of empty space. J. Cognitive NeuroScience, 25（7）: 1078-1099.
（31）Nishiyama Y., Tatsumi, S., Nomura, S., Gunji, YP.（2015）My hand is not my own! Experimental elicitation of body disownership. Psychology and Neuroscience, 8（4）: 425-434.
（32）Braun N, Thorne JD, Hildebrandt H, Debener S（2014）Interplay of agency and ownership: The intentional binding and rubber hand illusion paradigm combined. Plas One, 9（11）: e111967.
（33）郡司ペギオ幸夫・小島圭以・箕浦舞・笹井一人（2016）「二つの近似操作と解釈される所有身体と操作身体」『計測自動

制御学会講演録』
（34）Libet B, Cleason CA, Wright EW, Pearl DK（1983）Time of consciousness intention to act in relation to onset cerebral activity（readiness potential）. The unconscious initiation of a freely voluntary act. Brain, 106: 623-642.
（35）Galati, G., Pelle, G., Berthoz, A., & Committeri, G.（2010）Multiple reference frame used by the human brain for spatial perception and memory. Experiment Brain Research, 206（2）: 109-120.
（36）Nardini M, Burgess N, Breckenridge K, Atkinson J.（2006）Differential developmental trajectories for egocentric, environmental and intrinsic frames of reference in spatial memory. Cognition, 101（1）: 153-172.
（37）Riva G, Gaudio S, Dakanalis A.（2015）The neuropsychology of self-objectification. European Psychologist, 20: 34-43.
（38）Riva G（2012）Neuroscience and eating disorders: The allocentric lock hypothesis. Medical Hypothesis 78: 254-257
（39）Serino S, Pedroli E, Keizer A, Triberti S, Dakanalis A, Pallavicini F, Chirico A, Riva G.（2016）Virtual Reality Body Awapping: A tool for modifying the allocentric memory of the body. Cyberpsychology, Behavior and Social Networking, 19（2）: 127-133.
（40）ＮＨＫスペシャル「終わらない人　宮崎駿」二〇一六年一一月一三日（日）放送 http://www.nhk.or.jp/docudocu/program/46/2586742/

第8章 『おそ松くん』と二重の身体

二〇一五年は、赤塚不二夫生誕八〇年であり、アニメ「おそ松さん」[1]が製作され、人気を博した。それに併せて、バカダ大学講義という名の連続講義が東大[2]で開催され、多くの雑誌で特集が組まれた。赤塚不二夫といえば、天才バカボン[3]と言われる。様々なマンガ的技法の遊び（一ページに大描きされたバカボンの顔や、左手で描かれたバカボン）が展開され、当時小学生だった私は、その煽り文句として初めて、ギャグやシュール、スラップスティックといった言葉を目にした気がする。しかし、子供にとってそれはおもしろいものではなく、これをおもしろがる大人も理解できなかった。いまのセンスある若い世代は、当時の天才バカボンをおもしろいと思うのだろうか。天才バカボンには、むしろ異常な渇きを感じるばかりだ。

赤塚不二夫といえば、「おそ松くん」[4]だろう。そう思っていたら、泉麻人もそう言っている。[2]おそ松くんに登場するイヤミは、当時の子供に絶大な人気があり、ゴジラも映画の中でイヤミの得意技シェーをしていた。小学校低学年だったわたしの界隈で、マンガ雑誌を買って読んでいる友達は、割合、裕福な子供で、決して一般的ではなかった。マンガは床屋の待ち時間に、まとめて読むものだった。そういうわけで、「おそ松くん」雑誌連載の記憶もあるにはあるが、鮮明な記憶はアニメである。

泥棒だったチビ太とハタ坊が改心し、商売道具の工具箱を橋から川に投げ捨てるシーンでは、兄妹で正座したまま号泣したものだ。当時、我が家では、テレビは正座して観るものであり、視聴時以外のテレビには、舞台の垂れ幕のごときがブラウン管を覆っていた。そういう時代の赤塚マンガは、子供にとって乾いたナンセンスではなく、子供の哄笑と涙を誘う、子供のツボを押さえたマンガだった。それは、「ごんぎつね」をはじめとする新見南吉の童話[5]の、テレビ時代における自然な拡張だったのではないか。

本章を書くにあたり、何冊か赤塚マンガを買い求めた。おそ松くん[4]を読んでみても、当時の感興が立ち上がらない。自分はどちらかというとウルトラQ、ウルトラマン[6]といった怪獣ものに興味が向いてしまったはずで、「おそ松くん」にはさほど影響されなかったのではないか。そう思い始めた。そのとき、再び泉麻人の言葉に触れた[2]——自分と同世代の人間で、小学生時代、「おそ松くん」を見ていたら、必ずシェーをした子供時代の写真が残されているはずだ。わたしは愕然とした。確かに自分にも、近所の友達と並んで、ひとりだけ「シェー」をしている写真があったのを、思い出したからだ。当時の子供がよく着せられた、大きな襟つき、厚手のジャンパーを身にまとい、モコモコの不自由さをものともせず、全身でシェーをしている。目を細め、すっぱいものを舌に載せたように突き出された口は、何か得意満面の、お調子者の姿である。

そういえばそうだった。わたしは、当時の人気番組、アベック歌合戦の司会者であるトニー谷が大好きで、「おそ松くん」のイヤミはトニー谷自身だとすら思っていた（実際、赤塚はトニー谷をモデルとしてイヤミを創作したらしい）し、もーれつア太郎[7]のでこっ八やニャロメ、ケムンパスやベシの言い回しを、友達みんなと真似したものだった。そこには常に、赤塚マンガに溢れかえる、キャラクターの渦があった。「おそ松くん」だけでも、チビ太に、イヤミ、ハタ坊、ダヨーン、デカパンと出現し、「おそ松くん」世界を一個の生き物のように開いていく。小学校高学年の六つ子の、時に残酷で時に悲しい幼児性は、土管に住むチビ太に担わされ、それをいじめながらも、最後には仲直りして読者の子供に安心感さえ与えるバランサーが、イヤミだった。これらの脇を固めるキャラクターによって、六つ子自身の、わたしより年上で、いじわるをするかもしれないが、いろいろ遊んでくれそうな性格が、「おそ松くん」全体として開設されていく。

主人公の人格を、主人公を取り巻くキャラクターの全体によって展開し、立ち上げていくという手法は、以後の赤塚マンガの根幹を成すのではないか。父親である×五郎が死に、自分にだけそれが見えるア太郎の世界には、猫のニャロメや、毛虫のケムンパス、狸のようなココロのボスに、豚の子分を従えるブタ松親分といった、ある意味、妖精が登場し、動物も人間もモザイク状に入り混じる。そのような世界が、実は、自分もでこっ八という子分を従え、大人びた振る舞いを見せながら、死んだ父親と会話することで何とか自分を維持するア太郎それ自身だと思わせる。子供だけで背伸びして生きるア太郎は、死者と妖精を内に持つしかない。果たして、こういった手法を可能としたのは、おそ松を長兄とする六人兄弟という、キャラクター形成に成功したことが、きっかけだったのではなかろうか。その意味で「おそ松くん」は、赤塚マンガの原点と考えられる。

おそ松は（同様に、チョロ松も、一松も）、一人の人間であり、一個の全体でありながら、六人で一人前となる全体に対しては部分である。ここでいう六人で構成される全体というのは、例えば、家族や、社会のように、一個で全体を成す人間の集まりというわけではない。いわば六つ子の各々は、六分の一の人間であり、一個人に対応するのは、六人全員揃っての「六つ子」なのである。ただし、六分の一の人間というのは、機能分化した部分なのではない。おそ松は頭脳、チョロ松は手、一松は足、といった部分なのではない。一個の全体を異なる観点で眺めた描像が、おそ松であり、チョロ松なのだ。職業的能力という観点からみた人物像がおそ松であり（これは単なる例である）、趣味人としての様相がチョロ松というように、各々は一見完全な人間でありながら、観点の異なる人間という点で部分なのである。それは、平野啓一郎の唱えた分人主義[8]に近いものだ。職業人としての顔、趣味人としての顔、地域社会に生きる顔、といった具合の部分を六つ子の各々が担っている。

他方、部分（分人）ではなく、一人の人間としてのおそ松は、通常我々が想像する個人を逸脱した、拡張した身体を有する全体であるに違いない。おそ松に対する他の五人は他者であるが、通常の我々に対してより、彼らはおそ松を侵食している。なにしろ六つ子なのだから。それは逆に、おそ松が、他の五人（他者）に対する鋭敏な「わたし」を有することを意味している。六つ子の一人一人は、他の五人を他者として自らと区別、否認することで自らを確定する一方、それを実現するために他者（他の五人）を鋭敏に検知し得る、拡張した身体を持たねばならない。拡張した身体とは、外部との関係性にまで展開された身体であり、外部と自らの境界を自己形成するための身体である。肉体と外界の境界を追認、もしくは再定義する場が、拡張された身体なのだから、それは肉体を逸脱し、延長されたものとならざるを得ない。六つ子の一人一人は、「六つ子」という全体に対する分人でありながら、各々が一個の独立した人格を主張するがゆえに、他との差別化を図り続けるべく、身体の拡張を余儀なくされる。

『おそ松くん』において、六つ子のキャラクターの描き分けは、明確ではない。しかし時折そのうちの一人が突飛な行動を起こし、また各々が性格を彷彿させる名前を持つことを見るにつけ、六つ子の各々が、部分(分人)であり、拡張された全体である、という二重性、を担っていることは認められる。

身体は、こういった二重性を本来的に備えている。我々は通常、そのことに気づけない。しかし様々な事例を考えるとき、隠されていた二重性が露になる。まず、臨床心理学者、酒木が報告する「ここ」と「そこ」の二重性を挙げておこう。わたしが、あなたの背中を掻きながら言ったとしよう——「どこが痒いですか」、と。あなたは、わたしの爪が痒い所に届いたところで、「そこです」と言うだろう。わたしが掻くのをやめ、離れた場所から振り返って聞いたとする——「どこが痒かったですか」、と。あなたは、先ほどの痒い所を指で指し、「ここです」と言うだろう。同じ点を、或る場合には「そこ」、別の或る場合には「ここ」という。「そこ」の場合、あなたは、他者(わたし)の立場を経由して背中の点を見ており、「ここ」という場合、あなた自身の一人称的視点で見ている。わたしから発して他者の視点を経由する分、遠い。だから、「ここ」でなく、「そこ」なのだろう。[10] 同じ点であるのに、「ここ」であり、「そこ」であるという論理的誤謬は、しかし通常見過ごされてしまう。酒木がこれに気づいたのは、発達障害の子供が、「ここ」であると同時に「そこ」である点を認識できないことに気づいたからだという。酒木は、「ここ」と「そこ」の両義性を許容する概念こそが身体であり、発達障害の児童は、身体の獲得に失敗していると述べる。逆に、発達障害者であっても、身体の再形成を促すことで、他人とのコミュニケーションがかなり回復するまでに至るという。

一人称的身体は、「みずから」を主張する中心から展開される身体だ。それは「みずから」の運動実現に向けた、みずから動かせる身体部位の集まりとして把握された身体である。対して他者の視点を経由した、外部から構想される身体は、俯瞰して身体の境界を生成・追認する身体だ。外部から俯瞰され、形成される外部との境界は、能動的に制御できるものではない。境界形成は外部に仮託され、「おのずから」、徹底して受動的に実現されるのである。こうして実現され、他者の視点から俯瞰された身体によって、我々は自らの身体の全体性を知覚し、身体を所有しているという感覚を持つのだろう。逆説的だが、まさに、わたしのこの身体の所有感は、他者を経由して初めて実現される。[10]

すなわち、身体の担うことそこの両義性とは、「みずから」制御し操作できる身体、「おのずから」形成される全体として所有される身体、の両義性と考えられる。発達障害者の場合、「おのずから」の身体が極めて弱体化しているのだろう。このことは、他者の視点に転移することの困難を意味するが、例えばサリー・アン課題[11]にみられるような、自閉症者の解答に整合的だ。サリー・アン課題とは次のようなものだ。サリーがボールをバスケット内にしまって家を出る。そこへアンがやってきて、バスケット内のボールを冷蔵庫へ隠す（もちろんサリーはこれを見ていない）。その後サリーがやってきて、ボールを取ろうとするとき、彼女は真っ先にどこを探すか、という問題が、サリー・アン課題だ。通常、平凡な我々は、サリーの立場に立って、バスケットを探すと答えるだろう。しかし自閉症者の場合、冷蔵庫を探す、と答える。いまここで自閉症者である「わたし」に与えられた物語は、この「わたし」のみを特権化した一人称的世界として理解される。「わたし」にとって、サリーもアンも他者ではなく、バスケットや冷蔵庫、ボールと区別されない。他者を経由した折り返し、というものはあり得ない。だから、「わたし」がボールの位置を問われる限り、物語におけるボールの位置の真実は冷蔵庫であり、それ以外にあり得ないというわけだ。

「みずから」制御する身体と、「おのずから」形成され所有される身体。この身体の二重性は、分人的部分と、他者との関係によって形成される全体、の二重性に一致する。前者は、肉体の部分、一つの側面を表す身体であり、後者は、外部との関係を包摂し、肉体の外部にまで拡張された身体と考えられる。おそ松くんの有する身体は、このような二重性を顕著に有した身体でしかあり得ない。分人的部分として身体を有しない限り、「六つ子」という一個のキャラクターが機能しない。他者との関係を包摂した全体という身体を有しない限り、六つ子の各々が他の五人と差別化した個性を発揮できない。

認知科学、脳科学で身体感覚を扱うとき、第7章でも述べた身体の操作感と所有感という二つの感覚が実験的に評価される。[12] 最初にこの感覚を問題にしたのは、ゴム手錯覚だ。[13] 机の上にゴムの右手を置き、被験者の本物の右手は机の下に位置させる。実験者は、ゴム手と本物の手に対し、同じ位置、同じタイミングで、絵筆で撫でる。被験者はこの間、ゴム手のみを見続ける。視覚と触角の同期を感じる被験者は、自分の右手がゴムの右手の位置にあり、まさにゴムの右手こそ自分の右手なのだ、と感じてしまう。これがゴム手錯覚だ。ここで評価されるのは、わたしが身体（手）を自分のものだと感じる、身体所有感である。[14]

もう一つ、わたしの、この身体に関する感覚で重要な感覚が、身体操作感である。指を動かしてみる。通常、わたしが動かそうとして動かしている、と感じる。これが身体操作感だ。ゴム手錯覚の場合、実験の設定上、身体操作感は不問に付される。むしろ机の下にある手を動かしてしまった瞬間、動かないゴム手に対する所有感は失われる。操作感がないなら、所有感も失われることで、操作感が所有感の十分条件であるかのように錯覚してしまうが（それは論理的誤謬である）、そうではない。操作感があることで、必ず所有感がもたらされるわけではない。実のところ、身体所有感と身体操作感の関係は、認知科学・脳科学においていまだ明らかではない。[15] ゴム手錯覚のように、一方しか評価できない実験系である場合が多く、所有感があって操作感がない場合、操作感があって所有感がない場合、などすべての感覚組み合わせに対する実験が系統的になされていないからだ。しかし、わたしは、むしろ「みずからの」身体と「おのずからの」拡張された身体によって、操作感、所有感の関係が明らかになると考えている。[10]

手の動きを制御しようとするなら、手の重心と関節の位置を把握すればいいだろう。制御するための、このフレーム構造が、「みずから」の身体であり、操作される身体である。対して、身体境界を追認し、身体の全容を俯瞰するなら、「おのずから」の身体において身体の境界形成を実現することになる。手を大きく顔の上方に掲げ、その様子をモニターでみてみよう。スマホを使って、自分の顔動画をリアルタイムで画面に映し、画面上方に自分の掌をぶらさげてみる。その不自然な掌と顔の位置関係は、掌に対する所有感を喪失させるに十分である。しかしその掌はまぎれもなく自分のものだから、指の一つ一つを自由に動かし、自ら指を曲げているという実感は担保できる。こうして、所有感がなく、操作感が存在する状況は簡単に実現できる。[16] 逆に、操作感がなく、所有感がある場合はどうか。金縛りという現象は自分の身体が動かせないと感じる感覚で、まさに操作感がなく、所有感のみが存在する状況である。操作感の喪失は、実際身体が動いている場合でさえ実現可能だ。催眠術や、もっと簡単にこっくりさんでは、自分が指を動かしていないのに勝手に動かされたと感じることになる。自ら操作しているという感覚がなく、しかし所有感は担保されている。

わたしは、所有感をもたらすのは、外部へ拡張された身体であり、いわば空間化された身体であると考える。[10] だから、自己の身体を離れ、自己の身体を俯瞰した映像が知覚される幽体離脱（体外離脱感）という感覚は、[17] 空間全体にまで拡張された身体がもたらす、極限的所有感と考えられる。[10] 空間全体にまで肥大した身体と、局所的実在と捉えられてきたわたしの経験的身体との辻褄を合わせるには、わたしが空間に浮かんで俯瞰していると考えるしかない。それが幽体離脱感覚と考えられる。定義上、所有される身体（「おのずから」の身体）は肉体より大きく、操作される身体（「みずから」の身体）は肉体より小さい。したがって所有される身体は、操作される身体よりも大きい。問題は、所有される身体と操作される身体の相対的差異にある、と仮定してみる。相対的とは、所有される身体の大きさを一として規格化した差異である。この差異が許容される或る幅に留まるなら、所有感と操作感の両者が知覚される。或る幅を超えて大きくなれば操作感が消え所有感のみとなる。或る幅を超えて小さくなれば、所有感が消え操作感のみとなる。そのように定義できるだろう。[10]

操作される身体・所有される身体は、肉体に対する或る近似表現と考えられる。したがってそれは精度という指標を有することになる。相対的差異によって身体所有感と操作感の組み合わせを考えられるのは、この精度が或る精度を満たすときに限るだろう。もしこれが満たされないとき、身体に対する感覚が機能不全を起こし、所有感と操作感はともに失われると仮定することができる。わたしは、二つの身体が絶えず動的に調停され、両者の差異を縮めよう（均衡化）とする運動があり、この均衡化が逆に、脱均衡化さえもたらし、所有感のみの突出や、操作感のみの突出をもたらすと考えている。[10] いずれにせよ、この身体モデルは検証可能であり、身体操作感と所有感の関係に対して、かなり見通しをよくするものと考えられる。

拒食症の原因を考えるとき、近年、よく論じられている概念が、自己中心的身体像、他者中心的身体像である。[18] 自分の身体は、自分の目の位置から見ることしかできない。通常、見えるのは肩口から伸び、二の腕、掌へと連なる腕の風景、両腕の間に広がる胸や腹部の風景だ。もちろん主観的イメージには、鏡像を通して得られるイメージもある。これら様々な一人称的イメージを貼りあわせて総合した身体像が、客観的身体眺望—他者中心的身体像である。通常、絶えず得られる自己中心身体像は、間断なく他者中心的身体像を修正し続ける。得られる他者中心的身体像こそが、彼・彼女の身体イメージである。ところが拒食症においては、この他者中心的身体像を更新する脳のルートが機能障害を起こし、ずっと以前の身体イメージが更新されず記憶され続けることになる。だから食事をとらず痩せ続けているにも関わらず、以前の太った身体イメージ（他者中心的身体像）が更新されないのである。[19][20]

自己中心的身体像、他者中心的身体像という区別は、制御される身体、所有される身体の区別に似てはいる。しかし、おそ松くんと六つ子の関係で述べたのは、各々の六つ子が、おそ松は頭、チョロ松は手、といったように機能分化した部分とはみなされないということだった。分人であるがゆえに、部分でありながらも或る一個の全体を成し、だからこそ、分人としての一人（みずからの身体）と、拡張された全体としての一人（おのずからの身体）とは同時に形成される二つの様相となり、本来独立でありながら互いの関係を調停され続けるものとなる。対して、様々な角度からみた自己中心的身体という断片の貼りあわせで形成される他者中心的身体は、自己中心的身体からボトムアップ的にもたらされる全体という性格を持ち、調停されながら独立性を担保するという関係を持ちえない。[21] おそらく、身体操作感や身体所有感の有無に関する可能な組み合わせのすべてを考えなければならないように、拒食と過食の関係を通して、自己中心的身体と他者中心的身体とを、制御される身体と所有される身体とに翻案、再解釈する必要があるだろう。その鍵となるのが、第7章で述べた外部性の侵出である。他者中心的身体は本来、自己中心的身体の断片だけから構築できない。断片と断片の間には、決して埋められない断絶が存在する。これを埋めるのが、外部である。つまりこの外部の侵出によって、他者中心的身体は、完全なボトムアップではなく、自己中心的身体に対して独立性を担保する。すなわち、他者中心的身体に隠された、この外部性の寄与を明らかにすることで、制御される身体と所有される身体への再解釈が得られることになる。このとき初めて、「六つ子」というキャラクターがうまく回ったように、過食や拒食という過剰性が抑えられ、健全な身体がうまく回っていくに違いない。

操作される身体、すなわち、様々な文脈における操作される身体の各々が、おそ松であり、チョロ松であった。「六つ子」という一個の人格に対する部分が、操作される身体だったのだ。同時に、各々の身体は所有される身体を持つことで、他との差別化を図っておのずから境界形成を実現し、「六つ子」という集団の中で個性を発揮せんとする。このように、各々が操作される身体、所有される身体という二重の身体を持つときに限り、「六つ子」は個性ある六人によって、一個の生命体――六つ子、として立ちあがるのである。

「おそ松くん」当時、しかし、この二重性は、読者や視聴者に発見されなかった。ただし以後の赤塚マンガ全般において、この手法が生きてくる。単に様々なキャラクターを集め、集団による一個のマンガ世界を構成しようとするなら、それはキャラクターの辞典をつくるに過ぎない。キャラクターを無際限に増やすことはできるが、構成される全体のイメージが明確に決まり、一個の全体が生き生

き と立ち回ることはない。二重性ゆえに、「おそ松くん」や「もーれつア太郎」は、登場するキャラクターが、主人公のキャラクターの分人として機能するのである。
「おそ松くん」の二重性が明確に発見されたのは、赤塚不二夫生誕八〇年における「おそ松さん」においてだった。六つ子それ自体は、ニートでころころ生活しながら、全員がパチンコ好きで、一人だけ大勝ちすることを許さないよう、互いに監視し合うという特徴づけを与えられている。そのうえで、一人一人は明確に性格が異なり、顔や表情さえ異なる。典型的で奇跡のバカと言われるおそ松、サングラスをかけてクールなカラ松、黒目が小さくまじめなチョロ松、瞼が半分降りていて脱力的な一松、瞳孔が開いているような、ちょっといってる十四松、甘え上手でかわいらしいトド松。さらには、揃いのパーカーを着ながらも、各々が色違いになっている。こうしてキャラクター付けを与えられた各々は、まさに六つ子の分人であり、かつ各々が独立した個人として機能している。

註と文献

(1) おそ松さん (2015) http://osomatsusan.com/
(2) 泉麻人・みうらじゅん・久住昌之他 (2016) 赤塚不二夫生誕80年企画・バカ田大学講義録なのだ!。
(3) 赤塚不二夫 (1967＝2008) 天才バカボン、竹書房文庫。
(4) 赤塚不二夫 (1962＝2004) おそ松くん、竹書房文庫。
(5) 新見南吉 (1996) 新見南吉童話集、岩波文庫
(6) ウルトラQ、ウルトラマン http://m-78.jp/
(7) 赤塚不二夫 (1967＝2004) もーれつア太郎、竹書房文庫。

（8）平野啓一郎（2012）私とは何か――「個人」から「分人」へ、講談社現代新書。
（9）酒木保（2001）自閉症の子どもたち――心は本当に閉ざされているのか、ＰＨＰ新書。
（10）郡司ペギオ幸夫・小島圭以・箕浦舞・笹井一人（2016）二つの近似操作と解釈される所有身体と操作身体、計測自動制御学会講演録。Gunji, P-Y, Kojima K, Minoura M, Sasai, K. Double approximation for flesh body: Body of Agency and body of ownership.
（11）Baron-Cohen S, Leslie AM, Frith U (1985) Does the autistic child have a 'theory of mind'? Cognition 21, 37–46.
（12）Synofzik M, Vosgerau G, Newn A (2008) Beyond the comparator model: A multifactorial two-step account of agency. Consciousness and Cognition 17, 219-239.
（13）Borvinick M, Cohen J (1998). Rubber hands, feel, touch that eyes see. Nature, 391 (6669), 756.
（14）Suzuki K, Garfinkel SN, Critchley HD, Seth AK (2013) Multisensory integration across exteroceptive and interoceptive domains modulates self-experience in the rubber-hand illusion. Neuropsychologia 51, 2909-2917.
（15）Kalckert A, Ehrsson HH (2012) Moving a rubber hand that feels like your own: a dissociation of ownership and agency. frontiers in Human Neuroscience, http://dx.doi.org/10.3389/fnhum.2012.00040. では、強い議論ではないものの、身体操作感、所有感の独立性が主張される。
（16）Nishiyama, Y., Tatsumi, S., Nomura, S., Gunji, YP. (2015) My hand is not my own! Experimental elicitation of body disownership. Psychology and Neuroscience, 8, 425-434.
（17）Lenggenhager B, Tadi T, Metzinger T, Blanke O (2007) Video ergo sum: manipulating bodily self-consciousness. Science 317, 1096-1099.
（18）Riva G (2012) Neuroscience and eating disorders: The allocentric lock hypothesis. Medical Hypothesis 78, 254-257.
（19）Riva G, Gaudio S, Dakanalis A. The neuropsychology of self-objectification (2015) European Psychologist, 20, 34–43.
（20）Serino S, Pedroli E, Keizer A, Triberti S, Dakanalis A, Pallavicini F, Chirico A, Riva G. (2016) Virtual Reality Body Swapping: A tool for modifying the allocentric memory of the body. Cyberpsychology, Behavior and Social Networking, 19, 127-133.
（21）ニコラス・ハンフリー（2006）赤を見る――感覚の進化と意識の存在理由。紀伊国屋書店、で論じられる知覚と感覚の関係は、身体操作感・所有感の関係に似たものだろう。以前は知覚が原因、感覚はその原因を解釈する結果と考えられていたが、本書で論じられるように、盲視（視覚は正常に機能しているが見えているという感覚がない）をきっかけに、両者は独立であると考えられている。

第9章　生命理論の存在様式——トマス・ブラウンの壺葬論

トマス・ブラウン[1]は、日本でも明治期において、生物学者であり民俗学者でもあった南方熊楠や、夏目漱石が引用した[2]、十七世紀イギリスの文人である。二人はいずれもイギリスに留学し、おそらくそこでブラウンを知ったのであろう。つまりブラウンは、イギリスで著名な古典作家、吉田兼好のような随筆家と想像される。近年の日本では、日夏耿之介や、澁澤龍彦[3]が論じている。ここにあげる壺葬論については、澁澤が「時間のパラドックスについて」という名の小論で論じている。

壺葬論は、ブラウンが自らの居住地近郊ノーフォークで発見された埋葬の壺について、その知見をまとめた論考だ。前半は、壺の記載や由来を巡りながら、博物学的、歴史学的知識を存分に披露する。むしろ当該の壺からの逸脱は、衒学的な放縦ぶりを示し、読んでいて小気味いい。後半、キリスト者であるブラウンは、一転して死後の魂の永遠性を説き、魂と無関係な肉体としての復活や、墓に入って後世に残す営為を、静かな筆致ながら退けていく。永遠の魂の前には、墓に入って後世に残すこと、後世に名や栄誉を残すこと、など何の意味もない。末尾の、「……亡骸が朽ち果てようと焼かれようと、構うことなし……」は、前半の壺葬の文化を、むしろ、否定しさえしているかのようだ。

私は壺葬論が、現代でも決して古びていない、生命とは何かに答える、一つの理論、美しいセオリーの在り方を示している、と考えている。前半は、彼自身の科学者としての合理的態度を表明しながら、非合理的説明という理解の方法論を、文の展開様式それ自体で示し、合理的説明に接続させる技術を提案している。合理的・非合理的説明の接続は、現代科学における形相と質料の関係、意識の哲学や科学における心と肉体の関係に対して、検討すべき説明様式であると思われる。ブラウンは、魂と肉体の二元論を、永遠の必然性と物質の担う偶然性に対置しながら、両者のアクロバティックな接続を提示し、一元論でも二元論でもない生命理論の在り方を残したのである。それこそが、死後の魂に関する信仰を全面的に受け容れながら、合理的態度でこの世を生きるブラウン自身の、生と死の接続面と考えられる。以下、章を追いながら、これを検証しよう。

第一章では、肉体の分解に抗する処置――すなわち、土葬や火葬、水葬などが論じられる。ギリシア当時の儀礼に適った火葬や、火を万物の根本原理とするヘラクレイトスに倣った火葬について、淡々と記述が進む。これらはいずれも、基準は異なるものの、それぞれの時代における合理的判断に基づいた遺体処置である。対して、非合理的な、宗教的理由から、自ら火に身を投じたインド人に関する記述は、「火を酷愛するバラモン」、「呆然とする見物人に向かって彼が発した言葉は」と言ったように、理解し難さを表明したものとなっている。

異教徒であろうと、遠く離れた異文化であろうと、合理的判断に基づくと考えられるか否かが、ブラウンにとって肝要なのだ。忠実な召使いや馬を殉死させず、その代替物である絵を燃やした中国は、文明的であると述べる。ブラウン自身が帰依するキリスト教にあってさえ、非合理的な事例については殊更にあげつらう。アダムが土から作られた以上、人間は土に還るべきだとする信仰が、キリスト者をして土葬を重んじさせる（これ自体は聖書に法り合理的だ）。そう述べた上で、異教徒と無差別に埋葬されることを避けるようになったキリスト教徒の一部は、それを怠った場合、教会からの咎を受けたと述べている。神の約束する死後の永遠に対し、肉体を持ったこの世界の生活は、二義的なもので、穏やかに過ごすことこそ合理的だ。無差別な埋葬を教会が罰するという構図は、ブラウンにとって或る意味笑い話なのだ。この例に限らず、文化人類学的に扱われる様々な宗教は、優劣をつけられることなく、完全に並置される。

　第一章の最後には、昆虫であるアリの弔いについて述べている。実際アリは、同じコロニーの遺骸を巣の外へ運び出し、一箇所に集めることが知られている。しかしそのような事例は、現代のアリを専門とする研究者にとってさえ、よく知られているわけではない。ブラウンの博物学者としての知識の該博（がいはく）さを思い知らされる記述である。

　こうして、一章を通して認められるのは、医師であるブラウンの、科学者としての態度である。様々な埋葬の事例を博物学的に枚挙しながら、合理的判断に根拠づけられて理解できるか否かが、冷静に示されているのである。

　第二章では、ノーフォークで発見された壺に関する推論が進む。壺内の遺物を通して、壺がローマ人のもの、もしくはローマに帰順したブルトン人のものだろうという結論に落ち着いていく。壺には、火葬の跡をとどめた頭蓋骨、肋骨、顎骨などと共に、小箱の板切れや、見事な造りの櫛、真鍮製の小道具の柄やオパールらしきものが収められていた、と述べ、これを材料に推論する体（てい）をとる。しかし、ここでは、あえて推論の根拠となり得ない逸脱が展開される。

当初、壺が発掘された場所や火葬の慣習から、ローマとの共通点が見出され、当時この地に駐留していたであろう、ローマ軍の記録を紐解いていく。それはこういった具合だ。「この地域の厳密な詳細について言えば、コンスタンティヌス帝の新たな統治よりも以前の状況、あるいはサクソン沿岸を領地とした伯爵の軍事攻勢よりも以前の状況は明らかにされていない」といった否定形の文。「その後間もなく、この地域が大混乱に陥ったため、事態の改善を願ったイケニ族の王プラスタグスが王国をネロ帝と自分の娘たちに遺贈したものの、妃のバウアディシアはパウリヌスと最後の決定的な戦いを交えた」といった本筋とはおおよそ無関係の論述が繰り返される。

圧巻は、貨幣に関する議論である。貨幣が壺の中にでもあれば、時代が決定できる。「ウェスパシアヌス帝、トラヤヌス帝、ハドリアヌス帝、アントニヌス帝、セウェルス帝などの刻印された銅貨や銀貨が私たちのもとで出土するのも稀ではない」といって、可能性を示唆した後、「しかしその大半は、ディオレティアヌス帝、コンスタンティヌス帝、コンスタンス帝、ウァレンス帝のもので、次に多いのがウィトクリヌス帝、ポストゥムス帝、テトリクス帝、さらにはガリエヌス帝治世下の三十人の圧制者のものである」といった具合に、皇帝の名前が列挙される。それはまるで古事記の有様だ。こうして、貨幣に関する記述が延々と続くのであるが、実際、発見された壺の中には一切、メダルや貨幣の類が収められていなかった。延々と述べられた貨幣に関する記述は、すべて無関係な、否定される事例なのである。

この、目眩さえ覚える否定の列挙は、当該の場所、問題となっている場所とは何の関係もないはずだ。しかし、我々は、否定されたものへ転回する可能性、否定される外部への潜在的な繋がりを感じ、それを捉えてしまう。壺に収められた櫛やオパールの質感を覚えながら、壺に収められていなかった貨幣を思い、貨幣が見つかった途端に、「この」壺が位置づけられるだろう具体的歴史を感じてしまう。否定の列挙という仕掛けによって浮かび上がってくるのは、決してここにはない貨幣の質感さえ伴う、抽象であるはずの歴史なのだ。無関係であるはずの外部への転回的接続、我々は同様の経験を日々しているはずだ。スッポンの味を尋ね、魚でも獣でもない肉の味、と言われれば、逆に微かな魚の味、微かな獣の味の混在を、否定表現の中に感じてしまう。価値ある骨董品と信じていたものが、何の価値もない我楽多であると宣言されても、「本物だったら一億円」の言葉に、微かに溜飲の下がる思いを感じる。これらは、一見すると端的な誤謬であるが、経験される外部への転回を示唆する、非合理的な説明の方法なのだ。第二章で記述される内容は、第一章に連なる、合理的に理解される博物学的知見である。しかしその実、ここで展開されるのは、非合理的理解の方法、原理的に認識不可能な外部をとらまえる方法論なのである。それは、第四、五章で生と死の接続を見出すための、長い、しかし、必要な助走なのである。

第三章になると、骨壺の形状や内壁、蓋に関する個物的記載、さらには壺の内容物に対する記述が展開される。もちろん、これらもまたほとんどは、ノーフォークで発見された骨壺とは無関係な、別な場所で発見された骨壺やその内容物に関する記述である。ただし、ここでの記載は、五感に訴えた表現という特徴を持つ。漆喰や白漆喰、焼いた瓦や土器の、カリカリと爪がかかる触覚、壺の内側の黒く滑らかな内壁表面の鈍い音、壺を覆う燧石の蓋や紫の絹布の光沢や色味、そして、長い時の作用で寒天状に濃縮された葡萄酒に想像される味覚、一五〇〇年立っていながら緑色を失わなかった月桂樹の匂い、焼け焦げた炭の匂いなど、一つ一つの事例が、今ここに存在するかのように立ち上がってくる。

一個の壺、それは確かにそこにあった、その人の人生、その人の見聞きしたであろう、宇宙の縮図である。ブラウンは、考古学者のように、壺を通して当時の文化が見えるといった、一般を論じない。彼が見ていたのは、飽くまで、一個の壺に固有の個人であり、個人に固有の具体的宇宙だった。だから、壺の個物性には、徹底した質料性、五感を通した物質性が付与されるのである。キリスト者であるブラウンは、魂の実在を信じる。魂に対して、この生は、肉体に依存した、取るに足りないもののはずだ。復活を信じて遺骸や遺品を保存する風習に関して、ブラウンは次のように述べる。「全ての被造物を自らの下に服従させる力を誇るお方が散逸した原子を元に戻し、あらゆる物から一個の人間をお創りになるのであれば、あえて遺骸から復活を考えることなど無用のことだと彼らは考えるかもしれない。だが、魂が存続する一方で、しかるべき偶然性をまとった他の素材が、復活すべき個人の独自性を明確に立証するのではないか」。

ここでは、まさに、肉体・物質に依存した生と、それを超越した魂とを対峙させている。後段、ブラウンが述べるように、魂は永遠の必然だ。生は、徹底した偶然性を担う経験的実体なのである。永遠の魂と経験的生は、この意味で、生命の形相と質料に対比可能にも思える。我々の生は、炭素素材やDNAといった素材(質料)に本質的に依存するのか、そうではなく、抽象的な設計情報(形相)こそが本質で、素材には意味がないのか。こういった問いは、人工知能の提案以来、何度も繰り返された問いだ。形相主義者は、肉体が滅んでも、この「わたし」をプログラムとして計算機の中に生き続けさせることが可能だと信じている。もちろん、マインドアップロード可能な「わたし」=形相としての私は、魂の永遠を意味しない。形相と質料が、或る現象に対する異なる様相だった時代から、人工知能の時代に、両者は二項対立を示す。それは形相と質料の徹底した異質性を示唆すると共に、二者択一図式に回収できてしまう単純さを意味している。これに対してブラウンは、徹底して異質な両者が、同時に接続するという描像を与える。偶然性をまとった素材によって立証される、このわたしの個物性は、ブラウンにあって決して否定されるものではない。

第四章では、いよいよ肉体を持つ生と死後の魂についての議論に至る。キリスト者にとって、魂の実在こそ死の恐怖から救ってくれる最大の功徳である。ただし、「肉体がキリストの仮の宿であり、精霊の宮であると見なされていたことからわかるように、彼らは全てを魂という存在の持つ力に託したのではなかった」というように、仮の宿である現生を否定しきる訳ではない。しかし、何より自らにとって、死の問題がいかに圧倒的な問題であるかの告白がなされる。すなわち、「あえて無と化し、再び混沌へ戻ろうとする者たちの不敵さに私たちは驚嘆を覚えるのである」というように。ブラウンが実感する絶対的無を否定してくれる教えこそキリスト教なのだ。

しかし、ブラウンは、魂の永遠がどのようなものであるか、理解している訳ではない。「劣った被造物は自らの本性を嘆くほどの理解力を所有しないまま、自らの成り立ちを平静に受け容れるのである」と述べることで、逆説的に魂の永遠と自らの生の無関係性に対する畏怖を告白する。「ついに魂は私たちが現在の私たち以上の存在であると告げ、私たちの生の成就が実現するときに、来世への希望をもはや無用のものとして消し去ってくれるのである」ということによって、理解することができなくても、死の瞬間が全てを解決してくれるはずだと述べるにとどまる。

第五章では、魂の永遠に対し、墓を作って名を残そうとする古来の営為が、徹底的に無価値なものだと唱えられる。「人々の記憶に残りたいと願い、落ち着かず心を乱すのはほとんど時代錯誤の虚飾であり、古びた愚行の現れとしか思われない」と言って、ピラミッドや方尖塔の虚栄を断ずる。いかに名を長く残そうとし、もしくは肉体としての再生を果たそうとも、「不死性以外には、厳密な意味で不滅のものはありえない。始まりのないものだけが終わりのないことを確信できる」というわけだ。

私は、ブラウンの態度が極めてよく理解できる。彼は生きている限り理解できないはずの、死後の無を直観してしまったのだろう。彼にとっての死の恐怖は、具体的で圧倒的だ。だから、魂の永遠を説くキリスト教は唯一の救済となった。しかし、合理的に考えて魂の永遠は理解しがたい。いや、魂の永遠を、この私の生と接続させることが困難なのだ。肉体と魂の関係をどう理解するか。それこそが、ブラウンのテーマではなかったのか。

物心ついた頃、私もまた死を直観した。暗闇の中で燃え尽きたマッチが軸を朽ちさせることもなく放置される夢を、繰り返しみた。その映像は、物語の進行しない停止であり永遠だった。死とはこういうことなのだ、と理解したとき、どうして大人が、いずれ来る死を前に淡々と生活しているのか、謎であった。謎に対するわたしの答えもブラウンと同じ――嘆くほどの理解力を所有しない――だった。成長するにつれ、死を超えてわたしが存続する、ということも夢想はしたが、肉体や肉体の全ての経験から切り離されたわたしは、もはや局所化した「このわたし」と無関係な抽象的存在となり、例え存続してもわたしとの接続は断たれるのではないか、そう思ったものだ。魂の実在を受け容れることで、逆に「この」人生との乖離が際立ってしまう。しかし、ブラウンは同じ問題を抱えながら、非合理的な否定への転回を用いて、現実のこのわたしと、魂の永遠を接続していく。

二〇一五年、二〇年に渡って闘病していた母が亡くなり、慌ただしさの中にその意味を反芻することもなかった。ところが先日、衣類を入れた段ボールの箱に書かれた、「冬物・衣類」という母の書き文字を見た刹那、その文字が今しがた書かれた、いや、母が今さっきまでいて書いたような、不思議な感覚にとらわれたのである。「冬物・衣類」の箱は、私の衣類とも無関係で通常見ても全く意識されないものだった。それは私のいる日常には存在しないはずのものだった。しかし、段ボールに書かれたマジックの文字は黒々としたフラットさで、冬の匂いを纏い、固有の質料性を担っている。気づかれた途端、質料性が露わになる。それはこの世界の素材感、物質感だ。対して、ここから想起された、今さっき書かれたような書き文字という感覚は、実は徹底して抽象的な形相だったと言える。質料性を捨象した形相であるがゆえに、一〇年以上前に書かれたものでもあり、ついさっき書かれたものであるのだ。純粋な停止であるがゆえに、そこからこの私の今に至る時間は一〇年であっても一分であっても構わない。純粋な停止としての形相は、質料性と無関係であるはずだ。しかし、質料性の提示によって、質料性の外部に位置づけられる形相へ至る道が開かれ、もしくは、形相がやってきたのである。

　これこそ、外部（否定）への転回をもたらし、無関係な質料と形相を接続するブラウンの方法だ。壺が掘り出されたこの場所にはないはずの、貨幣の連綿とした記述において、具体的感覚（質料感）を感じた刹那広がる純粋な形相としての歴史性の出現と、同じ過程である。歴史性が出現した刹那、それは具体的な質感をもった歴史として立ち上がる。それは「冬物・衣類」であっても同じことだ。純粋な停止でありながら、「ついさっき書かれた」質感を持ち、同時に多様な質感（時間）を共存させる。それは、形相と質料の接続において出現する、多様な質料を潜在した形相、なのである。

　本書の全体を通して論じられた、記号化・脱記号化が、ここでは、質料から形相、形相から質料への動的接続であることは明らかだろう。記号化・脱記号化とは、意味を脱色し、純粋な記号（固定指示子）へと至り、同時に純粋な記号の周囲（現実世界）を活性化することで、記号を略奪し、記号に現実世界の意味を纏わせることだった。ダンボールに書かれた文字、すなわち与えられた質量が、一瞬質量性を失い、質感を失って形相化した瞬間、永遠の存在となり、永遠の存在の周囲のあらゆる時間、あらゆる空間の質料を活性化し、一気に立ち上げる。そうして形相は、逆に質料を纏わせ、記号（形相）は脱記号化（質料化）する。

否定の列挙で示された外部の活性化は、脱記号化の先取りである。ノーフォークで発見された壺を純粋な記号として宙吊りにする積極的な方法として、壺と無関係な外部を、博物学的な質料溢れる筆致で埋め尽くす。こうして、ほとんど具体的な考古学的知見を持ち得ないことで記号化した壺は、脱記号化されていく。その記号化を通した瞬時の脱記号化こそ、ブラウンにあって、質料と形相の接続だったのである。

魂の永遠性が、同時に経験の（この生の）多様性を内在する。このような理解の在り方を、ブラウンは発見した。だから、それは、美しいセオリーたり得るのである。

引用文献
（1）ブラウン、サー・トマス（1998）『医師の信仰・壺葬論』生田省悟・宮本正秀訳、松柏社。
（2）夏目漱石（1948）『三四郎』新潮文庫。
（3）澁澤龍彥（1985）『思考の紋章学』河出書房新社。

第10章　アナロジーの位相——利口なハンスの知性はどこにあるか

1　はじめに

我々の世界は合理的で、決定論的因果律に従う世界だろうか。それとも見出される関係性は全て経験に依存した、偶然の産物だろうか。哲学において、前者は観念論、後者は経験論として括られ、永らく二者択一だった。カントにおいて統合されたと考えられる両者は、しかし今まさに、再度その関係の在り方を問われている［Meillassoux 2009; Harman 2011: Bryant et al. 2011; 千葉 2013］。観念論のもたらす合理主義は、常に強力な説明原理として振る舞う。この限りで経験論は、それに対する控え目な注釈、意味論的付帯条件に過ぎない。そうではなく、両者の接続を構想しない限り、観念論と経験論の本来的関係は見出せない［DeLanda 2002］。それは、徹底した偶然の中に創発され、合理性の地それ自体が、あたかも実在のように現象化する、生命の存在様式において発見されるものである［Deleuze 1968; Deleuze et Guattari 1980］。

この観念論と経験論の接続は、アナロジーと呼ばれる過程によって解読されるだろう。ここではまず観念論を異なる二つの描像から構成される双対(そうつい)空間によって定義し、多くの発展・生成・進化過程の説明が、双対空間の間の往復運動─変換に関する不動点として理解されることを示す。その上で、双対空間からの逸脱、別な双対空間への跳躍過程こそ、アナロジーの核であることが示される。その逸脱、跳躍は、一見すると見逃され、一つの双対空間に留まっているかに見える。ところが、だからこそアナロジーが成立する。この状況を、ここでは、「利口なハンス」[Pfungst 1907] や「カブトムシのツノ」の事例を題材に論じる。この逸脱の瞬間が経験主義的偶然であり、経験主義に接続されて異なる双対空間へ移行する過程が、アナロジーである。アナロジーは、意味的連関を担保した異なる表現への変化とも思える。だからアナロジーは、なんらかの距離を保持した、近似表現の空間を想起させる。その意味で本章は、「アナロジーの位相」と名づけられている。しかしそれが逆説的表現であることは、本章を読み終えた読者において理解されるだろう。最後に、意識において見出されるアナロジーについて言及する。

2 双対空間と不動点

アナロジーの位相は、経験論に接続しながら、観念論的合理的な世界間の逸脱、跳躍として理解される。第一に、合理的世界の描像として、双対空間について述べておこう。まずは、経験や時間を捨象した、形式的な概念世界から考えることにする。ここでいう双対空間とは、特定の制約のもとで対をなす、二つの世界もしくは世界観、描像である。例えば、概念を定義する二つの規定の仕方、内包空間と外延空間とが双対空間の例を与えてくれる。概念に対して、内包とは、概念が満たす全ての属性であり、外延とは、概念の具体例を与える対象の全てである。「6以下の偶数」という概念に関する内包は、「6以下の自然数である」、「2で割り切れる」という属性の集まりである。外延は、「2」、「4」、「6」という数字の集まりとなる。内包に属す属性、例えば「2で割り切れる」をとってくると、外延の全ての対象がこれを満たしていることがわかる（2も4も6も、2で割り切れる）。それは内包の他の属性についてもいえる。逆に、外延の対象は各々が、内包の全ての属性を満たしていることがわかる（4に注目すると、4は「6以下」であり「2で割り切れる」）。内包と外延の関係は、次のように一般化できるだろう。内包の、全ての属性と関係がある対象を集めたもの、それが外延であり、外延の、全ての対象と関係がある属性を集めたもの、それが内包となる。しかし、まず適当に集めた属性の集まりが正しく概念の内包になっているか、逆に対象の集まりが正しく概念の外延になっているか否か、予めわからない。そうでない場合もある。例えば6以下の偶数の場合、対象の集合を一つだけ、例えば「6」をとってきたとする。これを満たす内包は、与えられている属性から集める限り、「6以下の自然数である」および「2で割り切れる」となる。今度はこの二つに対して外延をとってみると、「2」、「4」、「6」という三つの数字が得られる。この三つの対象の集まりを外延としてもう一度内包をとると、今度は「6以下の自然数である」および「2で割り切れる」で、もはや変化しないことがわかる［Ganter and Wille 1999］。

つまり、外延とは、対象の集まりの内包をとった後、それに対して外延をとり、この操作に対して対象の集まりが変化しない、そういった対象の集まりと定義される。内包もまた同様に、外延をとって内包をとる操作に関し、変化しない属性の集まりということとなる。こういえるだろう。属性の集まりの世界が一方にあり、他方に対象の集まりの世界がある。前者から後者への変換は、外延をとるという操作であり、後者から前者への変換は、内包をとるという操作である。この二つの変換は、属性を見るという認識様式、対象を見るという認識様式の間を取り持つ翻訳装置のようなものだ。しかし、一回の翻訳で、内包と外延のうまい対応はみつからない。日本語における「見る」を英語に訳して「see」に対応させただけでは、「I see」まで含む「see」のニュアンスがわかならい。もう一度「see」を日本語に訳して、「理解する、わかる」などがみつかって初めて、「see」の有する視覚優位の認識や、明確なものに基づいて理解が成立する英語文化圏の一端を理解できる。同様に、二回の変換を通して初めて、概念を過不足なく理解する内包、外延の対が得られることになる。こうして、概念とは、内包・外延間の翻訳装置に関する不動点（変化しないもの）と理解できる。

いま述べた内包、外延は、属性や対象の集まりだった。だから、或る集まりが他の集まりに完全に含まれているような、含む・含まれる、の関係に従った順序が定義できる。猫科の動物である、「ネコ」、「ライオン」、「トラ」は、哺乳類である、「ネコ」、「ライオン」、「トラ」、「イヌ」、「サル」、……に含まれるといったように。このような順序において、内包、外延は空間概念を構成しているといえる。

関係は順序に限定されない。こうして、より一般的な内包、より一般的な外延を考えることができる。より一般的な内包・外延の双対空間では、外延の意味で部品を集めてできた全体と、部品の集まりではない唯一無二の「全て」という、内包の意味での全体を考えることができるだろう。最初に、あらゆる部品を集めた外延的全体を考えてみる。この内包をとってみると、なにしろ全てと関係のあるものだから、そこに「全て」という属性が得られる。そのまた外延をとってみよう。それは最初の外延的全体だろうか。いや、全てが言葉となってしまった以上、対象化された「全て」もまた、新たな外延に参入せざるを得ない。すなわち、部品を集めた全体は、内包、外延の操作に関して不動点にはなっていない。ところが、それもまた或る操作に関する不動点として表せる。「変わり続けるもの」は、変化させるという操作を施しても「変わり続けるもの」だ。すなわち、「変わり続けるもの」は、変化に関する不動点なのである。

さて、一般的な内包・外延の双対空間と、その間の変換によって構成される世界像は、一切の経験も時間も入り込まない、観念論的な合理的世界像である。このような世界像と、我々が経験する自然の間には、大きな隔たりがあり、双対世界は、自然現象を説明できないようにも思える。ところが、このような双対構造は、強力な説明原理として、自然科学において常に使われてきている。多くの場合、それは以下のような経緯を辿る。第一に、対立する二つの説明原理が見出され、両者の間で論争が始まる。第二に、二つの説明原理は、むしろ二者択一の説明原理ではなく、対をなすことで初めて補完的に現象を説明するものと理解され、双対構造が見出される。第三に、二つの説明原理の間の不動点として、安定な現象が説明される。いま、その一つの事例を生物形態の説明に対して見ていこう。

生物の形態——例えば、オスのカブトムシにツノがなぜあるのか——に関する構造的説明と、機能的説明について考えてみよう。これが前述の、二つの説明原理にあたる。機能論者は、他の個体との餌場やメスをめぐる争いという環境の激しさをあげ、争いに勝つために大きく長いツノがあるのだ、と説明するだろう。構造論者は、カブトムシの頭部の角質は盛り上がる構造的要因を持ち、瘤状の突起や枝分かれのないツノなど様々なツノの形成過程が説明できると主張するだろう。両者は当初、いずれか一方の説明が正しく、他方は間違っていて、決着をつけるべきだと主張する。しかし、やがて構造と機能が共立する双対空間の全体こそが重要で、いずれか一方に現象の原因を帰結できないこと、双対空間の両者を交互に行きかうことで、安定な生物形態――カブトムシのツノ――がもたらされることを理解することになる。選択のレパートリーとして出現する様々なツノは、構造的制約から逃れられない。レパートリーからの、競争に勝利したツノの選択は、機能的要因によって決定される。こうして、構造的制約と機能的制約の間（変異形成と環境の間）でキャッチボールが繰り返されることにより、大きく長い安定したツノが得られることになる。まさに進化的に鍛え上げられる生物の形態は、機能と構造の双対空間における機能と構造の移行に関する不動点だといえる。ここで、機能は内包に、構造は外延に相当することは明らかだろう。ダーウィニズムによる説明とは、双対空間を見渡し、生物を双対空間における不動点とみなすことに他ならない［郡司 2010, 2013］。

双対空間を見渡し、そこでの不動点として現象を説明するという説明体系は、極めて強力である。論争や対立は、多くの場合双対空間を見渡すことで無効にされ、両者の不動点として新たな説明が与えられる。それどころか、双対空間に内在する矛盾―自己言及による矛盾さえ、双対空間における不動点で理解される。双対空間は、論理的な説明の極右である。

このような説明体系は極めて観念論的であるにもかかわらず、我々の経験する自然を説明できてしまう。しかし、ここに何か大きなトリックがありはしないか。例えば、双対空間に我々が経験する時間や経験は含まれないが、一方（例えば構造的説明）から他方（例えば機能的説明）への移行を、生物が進化する時間と同一視することで、時間を要する進化過程を説明するわけだ。そのような変換の繰り返しは、果たして時間なのだろうか。むしろ、この観念論に経験論を接続して初めて、経験的な時間を含む我々の経験世界が説明されるのではなかろうか。双対空間に直交し、双対空間からの逸脱を実現するもの、それが、アナロジーである。

3　利口なハンス

双対空間の説明体系は磐石に思える。しかし、内包と外延を曖昧さなく分離できるという前提は、かなり強い前提である。この前提によって、内包と外延の間に変換（翻訳）装置がもたらされ、両者を変換によって行き来することが可能となる。したがって、内包と外延が曖昧さなく分離できるという前提は、双対空間における説明——変換に関する不動点を安定な概念とする説明——の根幹をなすものである。

先に述べた、カブトムシのツノのダーウィニズムによる説明では、構造空間（外延）によって変異をつくり、機能空間（内包）によって選択する。この繰り返しこそが、内包、外延操作に関する不動点をもたらした。この説明は、一般には、試行錯誤と呼ばれるものだ。やってみて、評価されることの繰り返しこそ、試行錯誤であるが、やってみることと、評価されることの分離が、ここでも前提となる。それは、内包と外延の分離の前提を意味するものだ。しかし現実の生活で、分離を前提とする試行錯誤が成り立っているのだろうか。犬が計算をする、猫が会話をする、といった例がしばしば紹介されるが、その端緒となった動物は、利口なハンスと呼ばれた馬である［Pfungst 1907］。ハンスは、足し算を理解し、その正解となる数だけ蹄で音を鳴らした。「2＋3は？」と問われれば、前足の蹄で五回地面を叩くのだ。ハンスがやってみる。人間は、その答えが正解か否か評価する。ハンスの回答とそれに対する評価が分離される前提で、ハンスは計算ができると評価された。これに対して詳細な観察、分析が行われた。評価者が問題を知っていて、正解を知る場合、ハンスの正答率は九割に上った。他方、評価者が正解を知らない場合、ハンスの正答率は一割以下だった。ここから、ハンスは、評価者の振る舞いから正解を知るのではないか、と推察された。驚くべきことに、正解を知っている評価者には、ハンスが打ち鳴らす蹄の音が正解に達したとき、緊張で強張らせていた評価者自身の姿勢を、一気に弛緩させるといった、本人でさえ無自覚な変化があったのだ。正解が5だったとしよう、蹄で一回、ハンスが鳴らす。評価者はうつむき加減だ、二回目、三回目と正解に近づくにつれ、評価者はやや顔を上げるが、正解の五回目に至って一気に姿勢を弛緩させる。この微妙な変化を、ハンスは見逃さなかったというわけだ。

ハンスは、まず回答し、評価されたのではなかった。回答は離散的な一瞬の出来事ではなく、連続的で時間を要する過程だった。その過程の一瞬、一瞬に、実は評価が紛れ込み、紛れ込んだ評価によって、ハンスは回答を修正していたのである。ここには、重要な論点が見出せる。第一に、試行（回答）と錯誤（評価）とは、分離できず、分離できたと思っている一方に、他方が潜んでいるという点、第二に、分離された一方の内部に他方を見出すとき、実は各々の内実が変質しているという点である。ところが、二つの論点は、「双対空間の逸脱」という概念によって、まとめて理解することができる。そして、この逸脱の連鎖こそが、アナロジーなのである。説明しよう。

ハンスにおける回答過程の内部には、常に評価が潜在し、それによってハンスは回答を修正した。正解が5のとき、ハンスは蹄の音を一回でやめるつもりだった。しかし目の前の評価者はまだ体を強張らせている。だからハンスは回答を変更し、さらに蹄を打ち鳴らしてみるというわけだ。回答（試行）に評価が入り込んでいるように、評価（錯誤）にも回答が入り込んでいる。評価者は、最終的に一声、「正解」や「誤答」と叫べばいいだけなのだが、ハンスの回答過程の一瞬、一瞬に対し、体を緊張させる、もしくは、弛緩させることで姿勢を変え続ける。この意味で、評価もまた連続的な時間

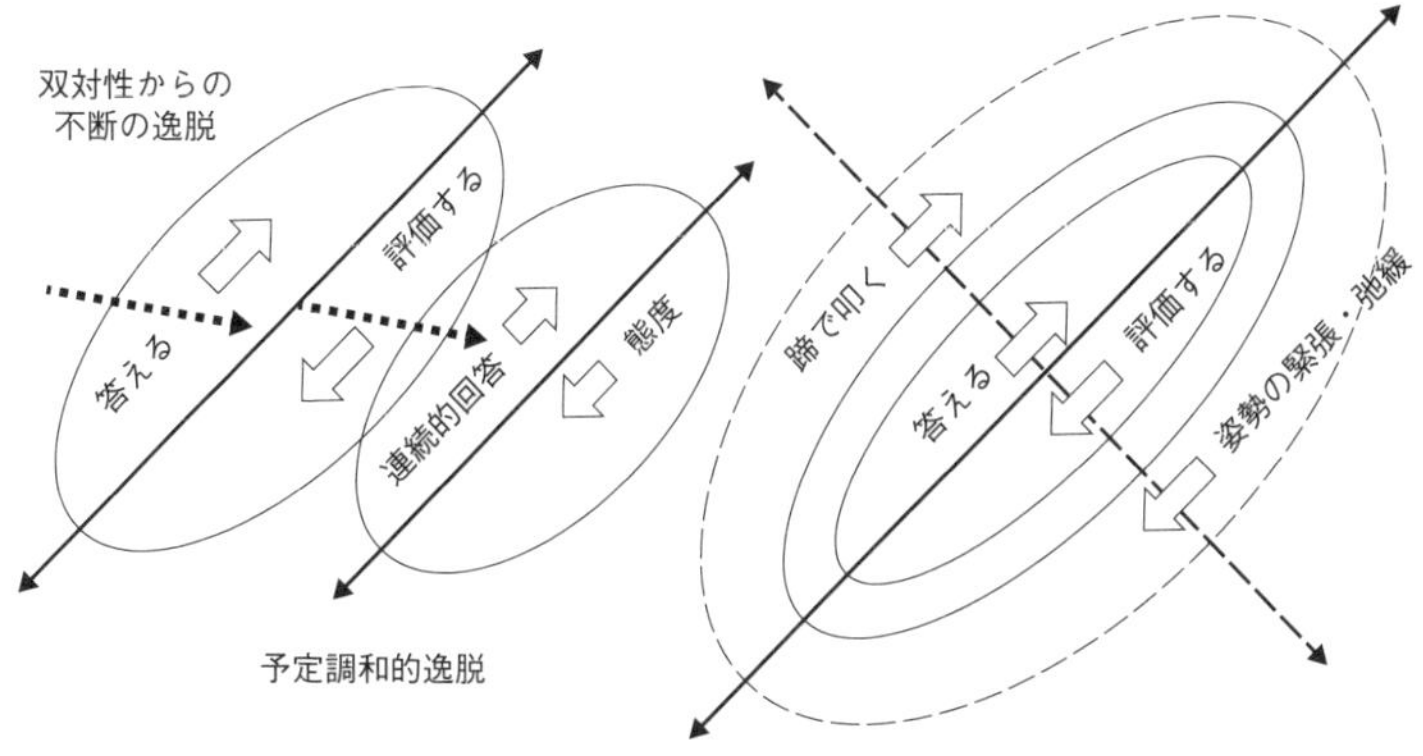

図10−1　双対空間の軸（実態）とそれに直交する予期される逸脱の軸（点線）の関係の二つの在り方。　左：逸脱に定位した見方。　右：結果的な予定調和に定位した見方。楕円は双対空間の広がりを意味し、右図では双対空間が質的に変質し、別のものとなっていることを意味する。

を有する過程であり、その内部に正答が入り込んでいる。

ならば、それは一回限りの、回答の提示とそれに引き続く評価ではなく、瞬時の回答と瞬時の評価の繰り返しなのではないか。そうならば、それは、まさに回答と評価、内包と外延の間を交互に行き来し、最終的回答として不動点を得ることではないか。読者はそう思うかもしれない。しかし、双対空間と異なる問題が、ここには認められる。それは、回答過程、評価過程と、連続的で時間を有する過程を考えたところで、回答も評価も最初の設定とは異なったものとなっているからだ（図10−1）。ハンスが気にしている評価者の評価は、「正解」や「誤答」といった一声ではなく、評価者自身さえ無自覚な姿勢の変化だったのである。逆に、誰がこれを評価とみなすことができたのだろうか。評価は、本来の評価とは全く別なものへと変質してしまっている。回答についても同じだ。回答は本来、一つの数字5などあって、最終的に5に至る一つ一つの蹄の音が或る種の回答であるなどとは想定されていない。

にもかかわらず評価者は、一回の蹄の音、さらにはまだ音のなっていない前足の動きにさえ回答の片鱗（へんりん）を見出し、一喜一憂――これもまた評価である――をするのである。それは図10－1左図に示すように、或る双対空間から逸脱し、結果的に別の双対空間へと逢着（ほうちゃく）した過程である。結果的な逢着において、それはアナロジーを成立させる。

こうして、次のようにいえるだろう。双対空間における内包（評価）、外延（回答）変換の不動点による説明は、ハンスにおいて破綻しているように思えた。それは、評価と回答が分離可能という、双対空間の前提を満たしていないからだ。しかし、評価を評価過程、外延を外延過程と変更したとき、ハンスが最終的に回答を決定するに至る過程は、回答して評価され回答を変え評価され……という、内包と外延の間の不断の往復運動に見える。この限りで、我々は再度双対空間における往復運動、すなわち、内包、外延間の変換に関する不動点という説明を見出しそうになる。しかし、最終的に発見されるのは、往復運動をしながら、双対空間は絶えず変質するという「双対空間の逸脱」である。逸脱される双対空間は、最初に想定された双対空間と何の関係もない。逸脱があるからこそ、ハンスは正解を答え――正解回数で前足を叩くことをやめ――られる、のであり、評価者はそれを見て、安堵することができるのだ。逸脱があるからこそ、一見すると単なる双対空間における往復運動が、一回の回答（過程）の中に折り畳まれ、実現されるのである。

双対空間の逸脱は、結果的に予定調和だったとみなされることで、アナロジーが成立する。無関係なものと思われるものへのジャンプ、しかしそれは、与えられた双対空間と全く独立ではないように思える。その限りで、単なる逸脱とは異なるようだ。ハンスの場合、「正解」や「誤答」といった評価から逸脱した、評価者の姿勢を評価とみなしたが、「正解」は緩和した姿勢、「誤答」は緊張した姿勢と相関を持つ。この相関の発見ゆえに、評価の変質は許容されるわけだ。いかなる双対空間の変質も結果的に、なんらかの規範に回収されているように見える（図10－1右図）。それは予めそうだったわけでも、偶然そのように見える場合がある、というわけでもない。逸脱し、双対空間を跳躍する運動は、いわば不完全な意味論によって貼りあわされている。通常、双対空間の跳躍は、完全な評価体系によって制御され、評価の変質・逸脱を評価していくために、新たな試行錯誤が必要となるのではないか、という疑念も生まれる。そうではない。双対空間の変質は、結果的な予定調和をもたらす。双対空間の逸脱・変質は、無関係でありながら連関するのである。

4　アナロジーという逸脱

結果的な予定調和を理解するために、前述したカブトムシのツノのような、生物の形態において、アナロジーを考えてみる。アナロジーは、人間の認知に特化した現象ではない。ここでいうアナロジーは、逸脱しながら連関を追認できる、そういった過程であり、物理現象である。

さて利口なハンスと同様の事態が、カブトムシのツノの形態形成過程にも認められることになる。第一に、ハンスによる計算において、回答（外延）と評価（内包）の非分離が認められたように、カブトムシのツノ形成過程にも、構造（外延）と機能（内包）の非分離が認められる。進化過程の時間において、構造とは形態を決めることであり、様々な構造を変異として提示することだった。これが機能側に移行され評価・選択されるまで、変異の決定は自明に無根拠に与えられる。それが構造と機能、すなわち変異と評価の分離という前提である。しかし、ハンスの例で、回答が回答過程となったように、変異もまた変異形成過程と理解されることになる。カブトムシのツノが評価・選択を受ける以前の変異もまた、有限の時間を要し連続的に展開される過程――形態形成過程――なのである。この過程の進行にあって、評価が内在することになる。

形態形成の過程は、様々な生化学反応が同時並行的に進行する過程である。生化学反応は、空間的広がりを持ったタンパク質が捩(ねじ)れた三次元的構造を微妙に変え、そこに他の化学物質を組み込み、もしくは逆に一部を放出して、別のタンパク質へと変化するような過程である。したがって、或る化学反応が進行する場所は、同時並行的に進行する他の生化学反応の場所によって境界づけられ、制約されることになる。異なる生化学反応の場所の隣接は、互いに隣接する生化学反応を評価し、評価されることを意味する。一方の反応の進行は、他方の化学反応の条件を変化させる。それは、まさにハンスが、目の前の評価者の態度を窺いながら、回答を変化させたことと同様の過程だ。ただし様々な生化学反応の並列の場合、どの化学反応も他との関係においてハンスであり（反応生成物をつくる）評価者（他の反応の条件を変質させる）である。異なる化学反応が同時進行するとき、既に構造の提示と評価の決定は、互いに時間を要する過程となり、その内部に他方の評価・選択を内在することとなる。

ハンスと評価者の場合、双対空間の往復は、回答―評価であった。しかし化学反応の場合、多くの反応が同時進行する。同時進行とはいっても或る反応と別な反応では、反応の時間スケールが異なる。だから、微小な時間スケールによって回答―評価を分節しようとしても、任意の分節単位にあって、一方の分節（例えば回答）に他の分節（例えば評価）が混在することになる。ここでは、双対空間の回答・評価は、原理的に分離できない。

第二に、形態形成過程においてもまた、双対空間の逸脱を認めることになる。隣接する生化学反応は、反応の時間スケールにおいて様々であるだろう。或る化学反応はその反応物の生成量が指数関数的に増加した後、暫く飽和するかもしれない。その場合、飽和した段階で、化学反応の環境を急激に変化させると考えてみよう（実際そのような変化は妥当なものだろう）。それは、その生化学反応が、飽和したという或るタイミングで、隣接する他の反応に影響を与え、評価し、変更させることを意味する。したがって、そのタイミングで反応環境に与える影響は、当該のタイミングの状態に依存して意味を変え、変質し逸脱する。或る場合には、タンパク質が他の生化学分子を受け入れる穴部分を、少しばかり大きくして受け入れやすくするだろう。また或る場合には、穴部分上部にかかるタンパク質分子の枝が曲がって邪魔をし、他の生化学分子の結合を阻害するだろう。他の場合には、水分子がタンパク質分子に纏(まと)わりつく様子が異なり、タンパク質分子の媒質での移動に影響を与えるだろう。こうして、絶妙のタイミングで、生化学反応は反応環境が被る影響を、質的に変えるのである。生化学反応は、様々な化学物質が関与することで、化学物質の生成量を増大させ飽和し、後に減少させるようなサイクルをつくる。同時並行的な生化学反応は、異なる時間長のサイクルが接することで、影響を受けるタイミングを多様化し、さらに反応環境の変質は多様化することになる。

化学反応は、ちょっとしたタイミングの違いで、著しく結果を変える。それは料理によって日常的に多くの人が経験するだろう。火入れや、火から下ろすタイミングだけで、砂糖水は、或る場合には水飴に、或る場合にはキャラメルに、また他の場合には単なる糖蜜となる。小麦粉と水、少しばかりの塩を入れたものも、或る場合にはこしのあるうどんに、或る場合にはこしの全くない「すいとん」へと変貌する。化学反応が互いに反応を進め、他の反応環境に影響を及ぼすとき、その影響の与え方は質的に変化する。それは、ハンスの計算に対する評価が、「正解！」や「誤答！」の一声から、評価者の姿勢や態度に変質したことと同じことである。

第三に、ハンスの事例では判然としなかった、評価の、以前の評価と無関係な変質、逸脱が、どのようにして連関を持ち得るのか、なぜそこに新たなる試行錯誤が必要とされないのか、形態形成の事例では説明できる。同時並行的な反応サイクルにあって、或るものは極めて短いサイクルを持ち、或るものは極めて長いサイクルを持つだろう。或る短時間サイクルの反応Rは、或る長時間サイクルの反応Aの反応を促進し、別の長時間サイクルの反応Bの反応を阻害するだろう。このとき反応Bはいずれ消失し、そこで用いられる物質は他の反応に寄与すべく分解され再配置、再分配されることになるだろう。反応Aは、この短時間サイクルの反応Rによる影響で、反応を持続させることになる。それは、反応Aが、反応Rとの結びつきによって、短時間サイクルの反応Rの時間スケールからは計り知れない未来を、既に決定することを意味する。反応Rは特定の生成物を極めて小さい時間スケールで産出し続ける。それは、極めて小さい時間スケールで反応Aに影響を与え続け、反応Aを進行させる。こうして進行する反応Aは、しかし、その最終生成物を産出するのにかなりの時間を要する。反応Rの伴走に助けられながらも、いずれ辿り着く最終生成物産出の局面はまだ、ずっと先なのである。

長時間サイクルを有する反応Aの最終生成物産出の局面で、最終生成物は伴走する反応Rに影響を与え、反応Rは更なる伴走を続けることになる。この状況を反応R側に立ってみるとどのように見えるか。反応Rの短時間スケールでの影響（評価）に対応して、反応を短時間スケールで進行させるかに見えた反応Aが、長時間スケールで表出する最終生成物（回答）を予定したかに見えるのである。最終生成物産出という回答は、その時点で反応Rに評価される。つまり反応Aは遠い未来の評価を予期するように、反応を進めていた、と解釈される。すなわち、異なる時間スケールの反応の共立によって、未来の予期が内在し、結果的な目的論的形態形成が実現する。変異は環境によって選択される以前に、選択されたかのような形態を用意するのである。

こうして、ハンスが評価者の姿勢や態度を評価とみなし、それが「正解！」という評価に結びついていく謎が解ける。ハンスは、評価者のズボンの色、喫煙しているか否か、太っているか否か、耳をかいているか、など、評価者の様々な行動を、変質した評価の候補として取り上げ、その都度、「正解！」と相関があるか否かチェックするわけではない。新たな評価の様式を試行錯誤によって判定しているわけではない。人間との生活を長く続けてきたハンスは、人間の行動の何によって自らも高揚するか、短い時間スケールでの相互依存を獲得してきただろう。これは、人間とハンスの間に或る種の社会性があることを意味するが、その社会性が試行錯誤によって得られたのではないだろう説明は後回しにする。まずは、ハンスが人間の顔色を窺い、それに反応している状況から出発しよう。それは、時間スケールの短い回答・評価の連鎖である。ハンスは視覚情報を、人間のように一元的に対象化するのではなく、多元的に見ているだろう。その中で自分の行動に即応した人間の行動で、自分を社会的意味（人間とハンスの関係における）において快へと導く反応のみへと傾斜し、結果的に評価者の姿勢に反応して蹄を叩くか止めるか決定するだろう。この過程は、形態形成において相互依存を持ち得た反応群が維持され、他の反応は解消され再分配されるという内部選択に他ならない。短時間スケールで評価者の姿勢との粗互依存を取り持ったハンスは、短時間スケールの判断（社会的関係における快感）のみで、「正解！」を目的として試行錯誤することなく、「正解！」に逢着する。もちろん、それは必ずそうなるというわけではない。しかし短時間スケールでの回答・評価の連鎖が一切なく、人間の行動を無作為に選んで「正解！」といわれるか否か判定されるより、格段に高い確率で「正解！」に逢着するだろう。そのとき、あたかもハンスは、以前から短時間スケールでの評価の選択が、長時間スケールでの評価に相関することを予め知っていたかのように見える。そして、一度強く結びついた評価者の弛緩した姿勢と「正解！」とは、次もその次も再現される。それは形態形成における時間スケールの異なる反応が結びつくことで、予期が内在することに同じだ。こう考えると、ハンスと人間の間の、ある種の社会性獲得も不思議ではない。そこでは、やはり多元的知覚を用いた内部選択と、異なる時間スケールの混在によって、予期を内在した評価・回答の連鎖があり、社会性は、同様に比較的簡単に獲得されるというわけだ。我々はまた、アナロジーを非同期的相互作用として実装することで、異なる時間スケールの共立を導入し、群れにおける社会性や身体性などを説明している［郡司 2013, 2014; Gunji 2014; Tani et al. 2014; Murakami et al. 2014, 2015］。

タンパク質の塊であるハンスの判断も含めて、ここに挙げた反応は、物理化学的反応である。ただし、構成要素の少ない単純な系のみを扱ってきた物理化学は、ここで述べた、反応系全体の中での反応の選択、異なる時間スケールとタイミングの違いの影響などを見過ごしてきた。とりわけ、時間スケールの異なる反応間の影響、変質、双対空間の変質・逸脱については、いまもって理論化されていない。逸脱は、気づかれないうちに、見過ごされ、進行する。逸脱を見過ごす限りにおいて、アナロジーは見出されない。連関を結果的に見出しながら、本質的に逸脱している。そこにアナロジーの核心がある。

人が「なんだ、ハンスは計算してないじゃないか」といった反応をする場合、回答―評価の双対空間は唯ひとつに設定され、その空間内で、回答に対し正答か誤答か曖昧さなく判断されることが前提となっている。しかし、ハンスの計算に興奮していた現場では、回答—評価は区別されながらも混同され、だからこそ、ハンスにおいても評価する人においても、無自覚に双対空間は変質していった。ところで我々の知性は、本質的にこのような双対空間の変質に基礎づけられ、そこにこそ創造性を認めることができる。ハンスと評価者によって開設したこの現場には、知性があったと言明可能である。

5　脳の中のアナロジー

アナロジーは、人間の脳の意識形成において最も本質的な過程と考えられる。計算機の進歩によって、脳を計算機と解釈する思考様式がすっかり定着した。アナロジーの関与しない、すなわち双対空間の逸脱の関与しないシステムの典型例が、（チューリング機械と同等の）計算機である。計算機における双対構造が、例えばデータとプログラムであり、データは外延、プログラムは内包にあたる。データとプログラムの間の変換に関する不動点として、計算が表現される。

脳を計算機と解釈するとき、脳は巨大な並列計算機であると理解される。様々なプログラムが並列的に計算を進めながら、各計算の進行具合や時間配分を、計算機の中枢が制御する。それは、意識の中心が、無意識的な脳の各部位、感覚器から入った外部刺激を一時処理する部位、手や足のような運動系へ命令を伝える部位などを見渡し、統制するイメージを与える。この限りで脳は、双対図式に留まり続ける。

しかし、そのような脳の中心＝意図する意識（ここでは、これを「ワタシ」とする）、といった意識のモデルは、有名なリベットの実験によって一変する。リベット［2005］は、意図的に指を動かしてみせるよう、被験者に教示しながら、被験者の脳活動を同時計測した。その結果、「指を動かすぞ」と意図するよりも約〇・五秒も早くから、脳の特定の部位が活動を始めていることが判明したのである。これは、身体の全てを統制し命令を下していると考えられてきた意識――「ワタシ」――の地位を脅かす発見だった。「ワタシ」は、むしろ、無意識のうちに動き出している身体を、事後的に自らが動かしたと解釈しているに過ぎないからだ。

ここから意識の受動仮説がもたらされ、いまや多くの脳科学者、人工知能学者に受け容れられている［Koch 2012; Massimini e Tononi 2013］（本書では何度か繰り返し登場した意識の受動仮説だが、ここではアナロジーとの関連で再び論じたいと思う）。前提となるのは、事前と事後の分離である。事前において、脳の中の無意識的なゾンビ（小人）が、並列分散処理を行い、事後において、「ワタシ」が並列分散処理を逐次的計算処理――事象の系列――へと読み替える。この読み替えによって、事後の解釈は、事前の並列分散処理に間接的に影響を与え、緩い制御やプランニングを可能とする。こうして、「ワタシ」は、時間遅れを伴いながら、外界とやりとりしているというわけだ［前野 2010］。

それまで能動的で主導的役割を果たしていると思われてきた「ワタシ」は、主要な役割を、無意識に蠢（うごめ）いているゾンビに明け渡すことになる。しかし、この「ワタシ」は、意識や、主観的で私秘的感覚といわれるクオリア研究に認められたある種の誤謬を払拭した部分は、あるだろう。第一に、意識研究において、クオリアに伴う特定の様々な感覚が結びつけられるのは、いかにして可能か、という結びつけ問題が長らく論じられた。赤い色を見て、りんごの瑞々（みずみず）しい赤を感じるとき、その色とりんご体験は、いかにして結びつけられたのか、というように。「ワタシ」が事前に脳の様々な部位を見渡し、制御しているならば、結びつけ問題は問題だった。しかし、事後に成立する「ワタシ」はそのような決定に一切与っていない。結びつけは無意識の脳内部位が、非同期的並列分散処理によって、勝手にもたらすのであり、「ワタシ」は結果的にそれを見るだけだ。問題が成立しないという意味で、結びつけ問題は成立しないのである。

第二に、「ワタシ」は、事後的解釈に付される実質的意味のないラベルに過ぎないからこそ、主観性が構想できるとし、主観性の問題を解決した（かに見える）。単なるラベルによる幻想だからこそ、簡単に幻想をつくり出せる。指先には感覚器があるだけで、ここで感覚をつくり出すことは不可能だ。しかし我々は、指でガラスを撫でるとき、「指先において」つるつるした感触を感じる。それは、脳が、触感の情報処理に「指先において」というラベルを貼るからだ。同様に、「「ワタシ」において」というラベルによってクオリアが創られるというわけだ［前野 2010］。

しかし受動的意識仮説と、「ワタシ」というラベルは、主観性やクオリア問題を本質的に解決するわけではない。「ワタシ」とそれが指示する現象の全体という対による説明の枠組みは、双対図式を一歩も出ていないからだ。「ワタシ」とは単なる意味のない記号、ラベルという意味で内包・外延の双対空間において、外延の極限と考えられるものだ。それはいい。しかしそれは、端的な外延の延長線上にあるものではない。ラベルは、内包・外延間の変換を徹底的に無効にすることで純粋な記号となるものだ。それは、内包・外延間の関係を決める文脈の背景化によってもたらされ、過剰な前景化による外部さえ伴うものとなる。もし、双対空間に留まるだけなら、「ワタシ」を付された特定の種類の情報処理（感覚・現象）が「ワタシ」に指示されるだけだ。これが双対空間に基礎づけられたクオリアや意識の説明となる。明らかに、主観性・クオリアは、「ワタシ」（外延）に何か、指示される現象の外部が付随している。その何かは、対象化を拒み逃げ続けること、いや、特定の対象化から逸脱し続けることをもって、客観主義に対峙する。対象化からの逃走・逸脱という動勢こそが、客観的対象としては決して捉えられない、その対概念としての主観性を開設する。したがって、主観性は、外延的極限（ラベル：「ワタシ」）とそれが伴う内包（感覚）の間の往復運動を逸脱し続けることで初めて、特定の現象の外部さえ指し示し、現前する。それは、利口なハンスが現象化したように、現前するのである。この無限に畳み込まれた逸脱が、アナロジーという過程なのである。

ここでいうアナロジーは、脳内過程としてはどのような現象だろうか。脳科学は現在、脳を次のように捉えている。すなわち、外部刺激に対する判断を、外部刺激の経験（頻度分布）に依拠して決定（情報処理）し、かつ特定の経験を絶えず一般化する、そういったシステムだと考えている。それはベイズ推論によって基礎づけられる。ベイズ推論は、特定の条件のもとで得られた判断を、無条件な判断へと一般化する推論である。ここでは、条件を知ることで世界が限定され、経験の頻度分布の偏りが理解されることになる。脳の特定の領域に意識の中枢をみつけようとする脳科学者たちは、ベイズ推論［Bayes 1763/1958］と情報統合［Tononi 2004］を用い、意識ある状態をシステム特性として定義できると考えている。ベイズ推論は、基本的に事前と事後を分け、事後における知識（前述の、特定の条件のもとで得られた知識）を、知識獲得以降の事前（無条件な知識）に組み込んでいく推論過程だ。それは、事前と事後を分離する「ワタシ」のモデルそのものといっていい。情報統合は、システムにおける部分の総和――すなわち、外延的全体――と、強度的全体性――内包的全体――とのギャップによって決定される。前者より後者の情報が極めて大きいとき、「全体として」なんらかの情報統合が行われたと考え、そこにシステム全体としての性格――意識――が実在すると考えるのである。

ベイズ推論は、経験して知識を得る以前と以後を区別する。逆に、変化した知識量によって以前と以後とを区別可能とする。情報統合は、部分に分割し、各部分での変化した知識量の和と、全体として変化した知識量を比較することで、情報統合の有無を決定する。例えば二人がジャンケンをしている現場について考える。ここではカメラを通してジャンケンを観察しているため、最初、各々一人ずつの振る舞いを観察しているとしよう。経験以前ジャンケンはグー、チョキ、パーを等確率で繰り出すと考える。しかし一方の人を見ると、数回の観察でグーとチョキしか出していない。ここに知識の変化が認められる。他方の人においてはどうか、こちらも観察以前には手の等確率を期待されるが、こちらもまた偏りがあり、パーとグーしか出していない。この偏りによってやはり驚くことになる。ところが、この二人のジャンケンを同時に観察したところ、驚きはさらに大きい。一方が後出しをしており、常に一方が他方に勝っている。つまり後出し側のグー、チョキ、パーの手は、先に出すほうの手で完全に決定されている。このような後出しジャンケンの仕組みは、二人の観察を統合して初めて得られる。この場合、統合情報がある、と考えるのである。

ベイズ推論に統合情報を組み合わせることで、脳科学はアナロジーの位相へと踏み出しているといえるだろうか。ジャンケンの各々において、事前と事後が区別され、双対空間が設定される、それは利口なハンスにおける、「5」─「正解!」のような双対空間である。二人のジャンケンを同時に見る場合、双対空間は変質している。事前と事後の区別は、手の出し方ではなく、二人のコミュニケーションの在り方に関する知識の差異を表している。それは、利口なハンスにおいて、双対空間が「評価を内在した回答過程」─「回答を内在した評価過程」へと変質することに似ている。ならば、ベイズ推論に情報統合を組み合わせたとき、そこにはアナロジーという双対空間の逸脱が取り込まれているのではないか。

そうではない。分割された双対空間（ジャンケンの片方のみの観察）と全体としての双対空間（二人の間のジャンケンの観察）とは、情報統合の有無を決定するため、量（情報量）として比較されなければならない。そのためには、予め両者を比較する一つの双対空間を設定しておかねばならないのである。それは数学や自然科学の持つ原本的性格にも思える。不連続、逸脱、質的差異は認めず、空間を設定することで連続性を担保し、変化は量的変化とみなす。それこそが自然科学の基本的枠組みと考えられるからだ。

私は、しかし自然科学において、アナロジーの動勢を提示する理論が、可能だと考えている。質的に異なりながら、そこを横断していく運動を、非同期性やランダムネスを用いた力学系として与えるのである。それは、カブトムシのツノについて述べたように、異なる時間スケールの双対空間の横断をもたらし、結果的な予定調和や社会性の獲得を示すことになる。微小な逸脱が共存しながら累積することで、大きな逸脱が予め内在したように現れる。それが社会性である。逸脱の連鎖という動勢は、アナロジーそれ自体に向き合うだけでは認められない社会性を理論化できるだろう。

脳科学において、双対空間の逸脱——アナロジー——は、逆ベイズ推論の実装によって可能となるだろう。逆ベイズ推論は、光学とカオス力学系を専門とするイタリアの物理学者アレッキが、概念的に提案した［Arecchi 2007, 2011］だけで、いまだほとんど認知されていない概念である。具体的なモデルの提案は私たちが出しているもの［Gunji et al. 2016］以外に認められていない。ベイズ推論は、経験によって意思決定を変えていくが、決定は、複数の可能なモデルからもっともらしいモデルを選択することに他ならない。いわば世界の仮説が、モデルの集まりとして、予め決められており、その比率を調整するに過ぎない。これに対して逆ベイズ推論は、モデル自体を外部の導入によって切り貼りし、変えていく。逆ベイズ推論は、モデル自体に対して疑義を向け、モデルによって限定された確率を、モデルに限定されない一般の確率で置き換え、切り貼りしていく。それは、モデルではなく、モデルの集まりである仮説レベルでの変質をもたらす。したがって、ベイズ推論と逆ベイズ推論を共に施すとき、世界は、(ベイズ推論によって)限定されながら、(逆ベイズ推論によって)開かれていく。私たちのグループの実装によれば、その結果世界像は還元主義的仮説を複数貼りあわせた、状況に応じて意思決定の仮設をスイッチする、そういった世界像を持つに至る。これは世界に対するイメージに限定されるだけではない。単独の現象・対象に対して、異なる様相の貼りあわせ(共立)が、当該の現象・対象のイメージとして形成されることを意味する。それは、クオリアのアナロジカルなモデルとなる。こうして、我々の、この意識は、合理主義的説明から免れ続けることになる。こうして、合理主義の「間」の連鎖が、合理主義の措定する客観的実在に対峙する形で構想される。それこそが、主観性と呼ばれるものなのだ。

6　おわりに

アナロジーを、利口なハンスから出発して、双対空間からの逸脱の連鎖として捉えた。時間スケールの異なる(非同期的な)応答—評価の共立により、異質なものへの、波乗りのごとき連鎖は、結果的な予定調和をもたらす。アナロジーは、こうして野放図な逸脱には見えない、連関を担保した逸脱として捉えられる。その結果、アナロジーの見出される応答―評価関係には、コミュニケーションが、社会性が、見出され、試行錯誤が無時間的に畳み込まれた、直観や知性さえ、見出されることになる。意識と呼ばれる現象は、その典型的事例である。

脳科学は、脳に、非同期的並列分散処理と同期的逐次処理を見出し、事前と事後の区別を見出し、事前・事後の情報処理の再帰的繰り返しによって、脳をシステムとして理解し、意識をその結果もたらされる脳活動の機能として捉えようとする。それは、脳を計算機とのアナロジーにおいて捉えようとする研究戦略であり、事前・事後の双対空間の中で意識を捉えんとする試みである。しかし、そこには双対空間からの逸脱、或る双対性から別の双対性への逸脱の連鎖がない。情報論的に情報の統合を定義し、全体的機能＝意識を見出そうとする研究戦略もまた、逸脱の連鎖を見逃すことになる。無際限な逸脱の連鎖こそ、双対空間が基礎づける再帰的情報処理――客観的実在――に対峙する概念――主観的実在――として現象化するものである。

人工知能が人間を凌駕（りょうが）するだろうといわれるシンギュラリティは、比較可能な双対空間内部の議論である。人間の能力には、もちろん双対空間のもたらす再帰的計算能力も認められる。これだけなら、早晩、人工知能にとって代わられるだろう。しかし双対空間の逸脱の連鎖においてこそ、我々は各々〈わたし〉を体現する（〈わたし〉は「ワタシ」と同様に単なるラベルでありながら、事前と事後を明瞭に分離しない）。それは、観念論的双対空間がもたらす合理主義に、単に経験主義的偶然が接続されるのではなく、双対空間の間である地を、あたかも実体のように開設する現象である。ここに、観念論と経験論の接続体＝意識がもたらされる。そこにある過程がアナロジーであり、アナロジーを解読する方法もアナロジーでしかあり得ない。それは、全てを実体化し比較可能とする人工知能の、決して及び得ない領域である。私よりおいしくコーヒーの飲める人工知能があっても、私にとっては何の意味もないのである。

文献

Arecchi, F. Tito (2007) Physics of Cognition: Complexity and Creativity, European Physical Journal Spexial Topics 146: 205.

Arecchi, F. Tito (2011) Phenomenology of Consciousness: From Apprehension to Judgment, Nonlinear Dynamics, Phychology and Life Sciences 15: 359-375.

Bayes, Thomas (1763/1958) An Wssay toward Solving a Problem in the Doctrine of Chances, Philosophical Transactions of the royal Society of London 53: 370-418 [second publication is at Biometrika 45: 296-315].

Bryant, Levi, Nick Srnicek, and Graham Harman, eds. (2011) The Speculative Turn: Continental Materialism and Realism, re.press.

千葉雅也（2013）『動きすぎてはいけない――ジル・ドゥルーズと生成変化の哲学』河出書房新社

DeLanda, Manuel (2002) Intensive Science and Virtual Philosophy, Continuum.

Deleuze, Gilles (1968 [1992]) Difference et repetition, Presses Universitaires de France.（『差異と反復』財津理訳、河出書房新社）

Deulze, Gilles et Felix Guattari (1980 [1994]) Mille plateau: capitalism et schizophrenie.（『千のプラトー――資本主義と分裂症』宇野邦一ほか訳、河出書房新社）

Ganter, Bernhard and Rudolf Wille (1999) Formal concept Analysis: Mathematical Foundations, Springer-Verlag New York.

郡司ペギオ－幸夫（2013）『群れは意識を持つ』ＰＨＰサイエンスワールド新書

郡司ペギオ幸夫（2014）『いきものとなまものの哲学』青土社

Gunji, Yukio-Pegio (2014) Self-Organized criticality in Asynchronously Tuned Elementary Cellular Automata, Complex Systems 23: 55-69.

Gunji, Yukio-Pegio, Kohei Sonoda, and Vasileios Basios (2014) Apprehension and Judgment Leading Time Structure, Proceeding of the Conference on New Challenges in Complex Systems, 24-26 October 2014, Waseda University.

Gunji, Yukio-Pegio, Kohei Sonoda, and Vasileios Basios, Quantum Cognition Based on an Ambiguous Representation Derived from a Rough Set Approximation (BioSystems, 141, 55-66.)

Harman, Graham (2011) Quentin Meillassoux: Philosophy in the Making, Edinburgh University Press.

Tani, Iori, Masaki Yamachiyo, Tomohiro Shirakara, and Yukio-Pegio Gunji（2014）Kaniza Illusory Contours Appearing in the Plasmodeium Pttern of Physarum polycepharum, Frontiers in Cellular and Infection Microbiology 4: 10, doi: 10.3389/fcimb.2014.00010.

Koch, Cristof（2012［2014］）Consciousness: Confessions of a Romantic Reductionist, MIT Press.（『意識をめぐる冒険』土屋尚嗣・小畑史哉訳、岩波書店）

リベット・ベンジャミン（2005）『マインド・タイム――脳と意識の時間』下條信輔訳、岩波書店

前野隆司（2010）『脳はなぜ「心」を作ったのか――「私」の謎を解く受動意識仮説』ちくま文庫

Massimini, Marcello e Giulio Tononi（2013［2015］）Nulla di piu grande, Baldini & Castoldi.（『意識はいつ生まれるのか――脳の謎に挑む統合情報理論』花本知子訳、亜紀書房）

Meillassoux, Quentin（2009）After Finitude: An Essay on the Necessity of Contingency, Continuum.

Murakami, HIsasi, Takanori Tomaru, Yuta Nishiyama, Toru Moriyama, Takayuki Niizato, and Yukio-Pegio Gunji（2014）Emergent Runaway into an Avoidance Area in a Swarm of Soldier Crabs, PLoS ONE 9 (5): e97870, doi: 10.1371/journal.pone.009787.

Murakami, HIsasi, Takayuki Niizato, Takenori Tomaru, Yuta Nishiyama, and Yukio-Pegio Gunji（2015）Inherent Noise Appears as a Levy Walk in Fish Schools, Scientific Reports 5: 10605, doi: 10.1038/srep10605.

Pfungst, Oskar（1907［2007］）Das Pferd der Herrn von Osten（Der Kluge Hans）: Ein Beitrag zur experimentellen Tier-und Menschen-Psychologie, Johann Ambrosius Barth（『ウマはなぜ「計算」できたのか――「りこうなハンス」効果の発見』秦和子訳、現代人文社）

Tononi, Giulio（2004）An Information Integration Theory of Consciousness, BMC Neuroscience 5: 42, doi: 10.1186/1471-2202-5-4.

論文を書くことなど、人工知能はすぐにでもできるようになる。文献を集めて問題を集約し、それに解答する理論や実験を作り出し、実行する。人間より優れた論文もいずれ書けてしまう。論文の客観的評価が叫ばれる今、グローバルで誰もが納得できる評価基準も、すぐに確立するだろう。そうなった時、「あなたが書く論文より、人工知能の書いた論文の方がずっと評価が高い。もう論文など書かなくていいですよ」、そう言われるだろう。コーヒーを飲んでいると、さらにこう言われる。「あなたが飲むより、ロボットの方が、ずっとコーヒーのうまさを表現できます、あなたは飲まなくていいですよ」と。その延長線上には「あなたよりロボットの方がずっと優れた生き方ができる。もう死んでいいですよ」が待っている。だからこそ、その日のために、私は私で生きている、と言えるよう、評価と無関係な「ただ生きる」を精進する必要がある。ほとんどの人間は事態を軽く見ている。人工知能にはない創造性、芸術的センス、論理的飛躍を人間は持っているという。創造性だろうとアートだろうと、比べる、評価する限り、必ず人工知能に負けてしまう。評価を満たすような操作的手段は、必ず構築可能であるから。評価の曖昧さに甘んじられる、今だからこそ、平凡な我々は、楽観視していられるだけだ。

人工知能の問題は将棋の世界の方がずっと深刻だ。いかに可能な手の数が多くても手数は有限だ。しかも厳格に勝敗を決定することができる。有限で決定論的な世界での人工知能との勝負には、平凡な我々の世界のような逃げ場がない。この逃げ場のない状況で、棋士はどう思うか。大山康晴はコンピューターに将棋を教えたらダメだ。人間が負けるに決まっていると言ったそうだ。[1] しかし加藤一二三はどうか。おそらく加藤は、人工知能との勝負にも微動だにせず、みかんを食べ続けながら勝負をするだろう。[2] 本章では、加藤一二三の好む「直感」をキーワードに、加藤の一手の意味を解読しよう。それは加藤その人の解読だけではなく、外部からの比較、評価をものともせず、「ただ生きる」ことを志向するすべての者にとっての「よすが」となるはずだ。

1　はじめに

加藤一二三は、盤面を見据えるとき、最良の手――それは唯ひとつではなく、少数かつ複数個のこともある――が、浮かび上がるそうだ。[1][3] ただし直感的に閃いた手が、真に最良の手か否か、この段階で証明される訳ではない。そこで時間をかけて、先を読み、論理的に他の可能性を排除することで、閃きが最良であることを検証する。加藤は、特に、直観ではなく、直感という言葉を好む。それはより感覚的、身体的な振る舞いでありながら、同時に、自己内部の天からもたらされる声でもあることを表している。身体をもち限定的視野で思考する私と、超越者のような私、その邂逅こそが直感である。このとき私は、脳の中の、私ではない他者の直観（論理的推論を介さず直接観る）を、私のものとして直感（直接感覚する）することになる。

指し手は、芸術作品と同じである。最上の棋士の手は、芸術だと加藤一二三はいう。まさに棋士は、芸術家なのであり、カトリックでもある加藤は、ローマ法王から、芸術分野における騎士の称号を与えられている。[1][3] 現代アートの第一歩を刻んだ作家、マルセル・デュシャンは、芸術作品を、企図と実現のギャップ――彼はこれを芸術係数と呼ぶ――によって定義する。[4] 通常、作品化したい目的・企図と、結果的に実現するもののギャップが解消されることこそ、作品の完成であると思いがちだ。人間の木彫を作りたければ、人間という企図と、木材の塊として当初与えられた実現との間には大いなるギャップがある。このギャップを縮め、木材を人間の形にしていき、最終的に人間のリアリティーを木材において立ち上げることが、木彫人物像の完成ではないか。このとき、企図と実現のギャップは無化される。しかし、それは芸術係数ゼロを意味するものだ。

デュシャンの《泉》と呼ばれる作品は、芸術係数それ自体をテーマ化したものと言っていいだろう。それは泉という名を持ち、泉と企図されながら、横たえられた男性用小便器によって実現されている。小便器は既製品であってなんら手を加えられていない。実現は既製品の意味で動きようがない。こうして、泉という企図と小便器の実現の間のギャップは、ギャップ自体を静物として提示することになる。鑑賞者は、このギャップに引き寄せられ、ギャップを観賞する。ギャップに見出されるのは、泉と小便器のギャップを、埋めようと動員されながら積極的に埋めることもできず漂う、外部からもたらされる感覚の断片だ。この感覚の断片がもたらす生成の運動こそ、ギャップそれ自体と区別できない、アートなのである。

果たして加藤一二三の一手がアートなら、企図と実現のギャップを担うものに違いない。それは、閃きという形で実現する一手と、可能な手の中から最良の一手として選択されるべく企図された一手、の間のギャップに相違ない。まさに芸術作品の議論と同様、そのギャップは、閃きの一手が最良の一手ではないこと、を意味しそうだ。それは単に、閃きが、誤った直観であることを意味するだけではないのか。しかし、ギャップを持たない作品とは、例えていうなら、食堂のショーウィンドウに飾られた食品サンプルだ。実現されたナポリタンの形態は、その店で供されるナポリタンを企図し、その実現と企図は完全に一致するとみなされるがゆえに、食品サンプルは機能する。食堂の料理を品定めする限り、食品サンプルは芸術係数ゼロである。閃きの一手がアートであるとは、少なくとも、それが企図されるその機能、すなわち局面での最良の一手ではない可能性を担保し、その意味で食品サンプルではないということだ。

閃きが、脳内他者の直観でありながら私の直感となることと、芸術作品であることは、不可分に結びついている。そしてそれこそが、人工知能の時代、天才棋士でもない我々が、一人一人として生きていくこと、の意味論を解読してくれる。ここでは、認知意味論、および自由意志の分析哲学的議論を経由して、閃きの意味論へと進んでいこう。

2　芸術係数と認知意味論

まず閃きの一手がアートであること、すなわち芸術係数を担うこと、について議論しよう。補助線となるのは認知意味論におけるカテゴリーの議論だ[5]。認知意味論以前、カテゴリーの構成員は全て共通の性格を持っていると考えられていた。「おいしいもの」のカテゴリーを構成するものは、例えば、食物という共通の性格を持ち、さらに、口に入れた瞬間、嬉しくなってくるような、そういった性格を共通に持ち合わせていると考えられた。ところが、美味さの中には、洗練されたフレンチのソースから、下卑て猥雑な大腸の串焼きの旨さ、油に塗れたチャーハンでありながら、それを「愉しむ」仲間との中での旨さなど、共通の性格とは思えない多様な性格が認められる。油に塗れたチャーハンなど、美味しいものではない。食べる環境に左右されて生じる興趣は、通常考えられるところの旨さを満たしていない。さらに「おいしい」は、簡単に成功を得られる状況や道具立てさえ意味し、不用意にドブにはまって爆笑を取った芸人は、「おいしい」と思うことになる。もはや「おいしいもの」は、食べ物ですらない。

にもかかわらず「おいしいもの」というカテゴリーは使われる。父と母は趣味が同じであり、父と息子は耳の形が同じ。息子と娘は同じ目をしている。家族的類似とは、構成員全員が共通の性格を持つわけでなく、少数のグループごとに成立する部分的共通性によって得られる、緩い類似性のことだ[6]。カテゴリーが、この家族的類似だとするなら、共通の属性が存在しないことは理解できる。共通の性格に基礎づけられたカテゴリーに対する異議申し立ては、プロトタイプ理論にも認められる。プロトタイプ理論では、カテゴリー内の典型的事例（プロトタイプ）とそこから派生する類似性のグラディエントによって、カテゴリーを説明する。「おいしいもの」といっても、或る人にとってそれはフレンチの一皿に代表され、それをピークとして緩やかに美味しさの勾配をなし、その山体の全体が「おいしいもの」のカテゴリーを構成するというわけだ。もしカテゴリーが共通性によって基礎づけられるなら、典型性における中心（ピーク）と周辺のような違いは認められない。しかし現実のカテゴリーにおいて、我々は典型的事例を簡単に選んでしまえる。それこそ、プロトタイプ理論が妥当であることの証拠であるというわけだ。家族的類似によって結びついたカテゴリーにあって、そのカテゴリーを見出す文脈に依存し、プロトタイプとその周辺が見出される。こう考えることで、我々が日常的に行なっているカテゴリーの使用を理解できるのではないか。認知言語学は、ここから出発して、従来マッシブ（塊状）でその内部は等質的と考えられてきたカテゴリー内部にグラディエントを与え、グラディエントゆえの意味論（プロトタイプ効果など）に寄与する言語使用を暴こうとする。[5] しかし家族的類似とプロトタイプだけでは、前述の「おいしいもの」もうまく説明しがたい。例えば、裕福な家に育った或る若い女性が、子供のころ食べ慣れたフレンチの一皿こそ、おいしいもののプロトタイプだと思っていたとしよう。その場合のカテゴリーは、上品な味の料理を構成員としていた。しかしやがて、女性は家を出て自活するようになり、今まで知らなかった下町のバイタリティーや味に興味を奪われ、それに伴い、「おいしいもの」のカテゴリー自体も変質していく。「おいしいもの」は、モツの煮込みや、串焼き、生地の黒く焦げた安価なピザであり、今までの美味しかった料理は消えていってしまう。プロトタイプは、シロの串焼きとなる。ここで、彼女はお笑いに急激にのめり込み、棚ぼた式にやってきたネタ的状況――気づかなかったバナナに滑って笑いを取ること――こそ、「おいしいもの」の典型だと確信することになる。しかし彼女のお笑い経験は日が浅く、彼女の「おいしいもの」のカテゴリーを、ネタが席巻するには至っていない。カテゴリー構成員のほとんどは、未だB級ながら食べ物なのである。にもかかわらず、お笑いへの急速で深い傾倒は、彼女に「気づかなかったバナナに滑って笑いを取ること」を、「おいしいもの」のプロトタイプとして選ばせる。ここに我々は何の違和感も感じないだろう。

ここに掲げた状況は、カテゴリーとプロトタイプの間の、齟齬を抱えながら運動するダイナミズムを示すものだ。フレンチの一皿の場合、カテゴリー構成員が所与で、プロトタイプはそこから最も典型的な事例として、ボトムアップに選択されたと考えられる。対して「気づかなかったバナナに滑って笑いを取ること」は、プロトタイプながら、カテゴリー構成員の中で未だ少数派に過ぎず、トップダウンで突然やってくる。むしろカテゴリー構成員は、突如出現したプロトタイプによって、新たに形成されていくことになる。カテゴリー構成員とプロトタイプの先後関係は反転することになる。

このダイナミズムで重要な論点がもう一つある。それは、カテゴリー構成員とプロトタイプの反転が、閉じたカテゴリー内部だけでの、中心・周縁反転ではない、という点だ。むしろカテゴリー外部への言及があるからこそ、目に見えるカテゴリーにおいて少数派に過ぎないプロトタイプが、外部に潜在する未来の構成員から見れば多数派なのである。だからこそカテゴリー構成員とプロトタイプの反転は可能となる。外部への言及を通して反転が可能となり、反転を経由してカテゴリー自体の変化が実現される。ここには、現前するカテゴリー構成員からボトムアップ的に想定される代表的事例と、トップダウンに現れるプロトタイプの間に、常に齟齬が存在することになる。

＊

ここまで準備が整ったところで、アートな一手に戻ろう。盤面を見据えて得られる、可能な一手の集合がカテゴリーである。ただし可能な一手は、全てが見渡されるわけではない。どこまで読むかに応じ、考える必要のない手は無視され、省かれ、カテゴリーを現出させることになる。このカテゴリーに対して、閃きの一手がプロトタイプである。それは「おいしいもの」で述べたように、カテゴリー外部の潜在する構成員にさえ言及して、トップダウン的に得られる最良の手――その意味で典型的事例――と言えるだろう。これが、芸術係数における「実現」に相当する。芸術係数における「企図」は、潜在する構成員に言及することなく、現前するカテゴリー構成員の全てから、ボトムアップ的に得られる最良の一手である。カテゴリーにリストアップされた可能な手を一つずつ否定し、選ばれた最良の手が、「企図」される手に相当する。それは擬似的プロトタイプと呼べるだろう。だから、「企図」と「実現」は原理的に齟齬をきたす。企図と実現の間のギャップは解消されることが決してない。かくして、最良の一手は芸術係数を担うのである。

ここには重要な論点が二つある。第一の論点は、次の問いによって明らかとなるだろう。「人工知能の一手はアートな一手だろうか」と問うてみるのだ。最良の一手は、想定される手数の中から唯ひとつ選択されることになる。唯ひとつである以上、企図と実現の二重性はない。企図と実現はぴったりと一致して最良の手が選択される。だから人工知能における最良の一手は、食堂の前に並ぶ食品サンプルに一致する。

同時に、人工知能に、企図と実現の二重性を実装することもまた、容易なことだ。実際最良の手を唯ひとつに決定できない状況や、冗長性の高い駒の配置があるだろう。そのような場合、その後の失敗に備え、目の前の可能な手から近視眼的に決定される一手と、現在の状況からは無意味とも思える、手の全体から選択される一手とを、二重に用意することが可能だ。この二重性を担保する限り、芸術係数を実装することは可能だ。しかし、ここへきて、実装の無意味さに思い至る。アートであることは、企図と実現のギャップが維持されることによって担保される。ここでは、それは企図におけるカテゴリーの恣意性と、実現における潜在する可能な手決定の際の恣意性に委ねられる。恣意的な決定こそが、アートを開設する。その恣意性は、これを決めた当人においてのみ意味を持つものだ。人間においては、当該の人間においてのみ意味を持ち、人工知能においても、その人工知能においてのみ意味を持つ。恣意性の意味は外部からの評価を原理的に阻むものだ。

アートな一手を人工知能に実装することは可能か、という問いは意味のない問いなのである。操作としては実装可能だが、その実装には恣意性を機械化することが必要となる。機械化して埋め込まれた恣意性は、もはや機械それ自体にとってしか意味を持たない。幼少期、私は親から、「本人にとって一番清潔で、他人にとっては最も汚い場所がある。それは口の中だ。世の中にはそういうものがいろいろある」と教えられてきた。個人にとっての恣意性、個人にとってのみ意味のある個別性とは、そういうものだ。「私の中で一番きれいな場所で調理した料理です。どうぞお召しあがり下さい」と言われて、口から吐き出されたものを誰が食べるだろう。

第二の論点はトップダウンとボトムアップの二重性に関するものだ。通常、システムを構成する要素レベルから組織化を理解する向きをボトムアップ、超越的視点から目的論的に理解する向きをトップダウンと言って区別する。それは二重の視点を意味する。しかし前述の議論は、トップダウンと呼ばれる組織化が、潜在的な領域からのボトムアップであることを物語る。超越的視点は、幻想に過ぎない可能性がある。この論点は、まさに、脳内他者の直観が、私の直感となる議論へと繋がっていく。

他者による直観を私の直感とする、という議論は、私の自由意志に直結した問題である。この問題に関連して、近年、ライフゲームというオートマトンで著名なコンウェイと、量子力学の隠れ変数による記述の可能性を否定したコーエンの共著による、自由意志定理が提出されている[7]。それは、対象に影響を与えることなく観測することを保証する局所性、決定論、自由意志の三者がトリレンマ——三者が同時に成立せず、どれか一つは棄却せねばならない——を成しており、観測の自由を仮定する限り、素粒子レベルに自由意志が存在することを証明する定理である。つまり、好きなタイミングで観測し、観測をやめる自由を保障する限り、世界は自由意志に溢れている、というわけだ。ここからすぐ想起されるものに、リベットが行なった脳科学実験がある[8]。指を好きなタイミングで曲げるとき、当人が、「よし、曲げるぞ」と意思決定するよりも半秒ほど早く、指を曲げる準備を脳の他の部位、いわば無意識が、すでに行なっているというのである。すなわち、脳内他者＝無意識が、指を動かすことを先行して決断し、脳の中の明示的な私（これを意図的意識と呼ぶ）は、「指を動かすぞ」と決断させられているというわけだ。ならば、人間に自由意志はないのではないか、そのような論争に発展した実験である。意図的意識の自由意志、意図的意識による決定が無意識の十分条件になるという決定論、無意識は完全に観測できないという三者から、無意識における自由が証明される[9]。これは、自由意志定理のトリレンマを認めた上で、無意識が完全に観測できないという形で、観測に関する局所性を捨て、無意識の自由を帰結するものだ。私はこれを、意図的意識、無意識を各々ベイズ推定、逆ベイズ推定[10][11]に対比し、論証した。しかし、リベットの実験で問題になっていたのは、意図的意識の自由だったはずだ。無意識の自由を証明するだけではなんら意味はないのではないか。そうではない。無意識の自由が保障され、それに起因する意図的意識の自由が否定される訳ではない。意図的意識の自由を認めるなら、無意識における自由意志も認めざるを得ないというだけだ。いわば自由意志の起源が次々に先送りされることを意味し、先送りの無限退行こそが自由意志であると唱えるものだ。

指摘されていないが、このトリレンマには、三〇年ほど先行する分析哲学的議論がある。[9] それはマイケル・ダメットによる過去を変えることに関する議論だ。[12] まずこれを紹介し、その上で、トリレンマにおける局所性の破棄の意味を再考する。そうして初めて、加藤一二三の直観を直感する一手の意味が、解読されることになる。

ダメットの問いはこうだ。或る村で、若者は、成人の儀式としてライオン狩りに出かける。ライオン狩りで勇敢に振る舞うことこそが、成人の条件というわけだ。若者は村から二日かけてライオンのいる狩場に行き、二日間ライオン狩りをし、また二日かけ村へ戻る。村で若者を待つ酋長は、若者が旅立つと同時に、若者が再び村へ帰還するまで、ライオン狩りが成功しますように――すなわち、若者がライオン狩りで勇敢に振る舞えますように――と祈念する踊りを踊り続ける。最初の四日間に関して、まだライオン狩りは終わっていない。だから踊りには意味があるだろう。しかし、最後の二日間、すでにライオン狩りは終わっている。ならば、終わっていることに対する祈り（＝踊り）には、何の意味もない。それは、既に終わっている過去を変えようとすることに他ならない。これをもって酋長に、「踊りは意味がないから、やめた方がいい」と説得できるか、というのがダメットの問いである。

この問い自体について、多くの読者は違和感を覚えるかもしれない。なぜなら、我々はまさに日常的に、酋長と同じ祈りをしてしまっているから。高校や大学の合格発表を待つあなたは、まだ合格者リストの貼られていない掲示板を前に、「合格していますように」と祈っただろうし、おみくじを求め、それを開く瞬間まで、「大吉でありますように」と祈ったであろう。ダメットはそれを否定するわけではない。そうではなく、我々が日常的に行うこのような祈り、明らかに過去を変えるかのような祈りを、無自覚に可能とする根拠が何であるのか、それを明らかにしようとしているのである。

ダメットはまず、酋長の踊りが、過去を変えるという時間の流れに逆行する行為だから不可能だ、とは言えないと主張する。そのために宿命論を考える。宿命論とは、運命は決まっているのだから、何をやっても無駄だとする議論だ。運命が決まっているのなら、明日死ぬか否かのいずれかに決まっている。死ぬと決まっているなら、死なないための努力は無駄である。死なないと決まっているのなら、死なないための努力は余計なことだ。何れにせよ、死なないための努力は不合理だというわけだ。

これに対して、我々はどう反論できるだろうか。ダメットは答える。宿命論者は、「死ぬことになっていない」から、「死なないための努力をしなくても、死なない」へと論を進める。しかし、両者は何の関係もない。だから、「死ぬことになっていない」から、「死なないための努力をしないなら、死ぬ」も共立可能なのだ、と言うのである。

このダメットの議論は、多少わかりにくい。説明を補足しよう。「死ぬことになっていない」は、いかなる理由によって死なないことになるのか、何も言っていない。何もしなくても死なない、かもしれないし、或る死なない努力をしたから、死なないのかもしれない。終着点である「死なない」が決まっていても、そこに至る経路は、「死ぬことになっていない」だけでは、決まっていない。だから、あらゆる可能な経路が共立可能となる。だから、「死なないのは、私が死なない努力をした、まさにその努力によってである」と考えることが可能だ。その場合、その私の努力がなかったら、死ぬと考えることになるだろう。だから、「死なないための努力をしなくても、死なない」と、「死なないための努力をしないなら、死ぬ」は共立可能となる。

こうして「死なないための努力をしない」から「死ぬ」と「死なない」の両者が帰結されることになる。したがって「死なないための努力をしない」ことは不合理であり、宿命論は退けられる、というわけだ。宿命論者は、未来にある事件を変えることはできない、と主張する。我々の反論は、これに対して、未来の事件は変えられると主張したことになるわけだ。この議論がちょうど酋長の議論と鏡像関係を成す。過去は変えることができない、と主張する我々に対して、酋長は、我々がした宿命論者に対して行った議論と正確に同じ議論によって、過去の事件は変えられると主張できるはずだ。そして、もしそうなら、酋長の祈りの不可能性は、過去を変えることに根拠づけられるのではない、ということになる。

果たして酋長は言うだろう。「あなた方は言う。ライオン狩りは勇敢に行われていた。だとすると、踊らなくても狩りは勇敢に行われた。だから、踊るのは無意味である、と。しかし、踊らなくても狩りは勇敢だった、と、踊らないなら狩りは勇敢でなかった、は共立可能だ。つまり、踊らないことは、狩りが勇敢であることと勇敢でなかったことを同時に成立させ、不合理となる。だから私は、ライオン狩り成功の踊りを踊るのだ」と。

ここでもダメットの議論は多少わかりにくい。しかし宿命論に対する反論同様に考えてみると、ダメット自身は言及していない、存在と認識に関する非分離性が見出せる。「ライオン狩りは勇敢だった」なる終着点は決まっていて、そこに至る経路が決まっていないから、「何もしなくても勇敢であった」と「勇敢だったのは、まさに私が踊ったからだ」が共立可能である。しかしこの場合、「ライオン狩りは勇敢だった」が、終着点足り得るのは、ライオン狩りという事件の存在と、その事件を知るという認識が同じことを意味する場合に限るのである。この論点は、本章の最終段階において、重要な意味を持つことになる。果たして、酋長の踊りの不可能性は、過去に対する祈りだからではない。

　では、酋長の踊りはいかなる場合に不可能となるのか。その理由はかなり自然で自明なものだ。酋長は踊りの成否を知らないから、踊りが可能なのだ。我々が合格発表直前、掲示板に向かって祈るのも、開く直前でおみくじの大吉を祈るのも、結果を知らないからである。ここからダメットは、トリレンマを導く。第一に、経験によれば、行動A（ライオン狩りの踊り）の実行は、或る事件E（ライオン狩りの成功）が以前に生じたとの確率を高めるとみなす根拠がある、との信念が認められる。これは、酋長自身による、踊りが過去の狩りの成功をもたらしたとする確信であり、過去への決定論に関する信念である。第二に、行動Aにはそれを行うか行わないかが私の意図のままになる、という信念が認められる。これは踊りを自由に行い、いつでも止めることができるという、自由意志に関する信念である。第三に、私は、行動Aを取るか取らないかという私の意図とは独立にEが起こるか否かを知り得る、という信念が認められる。これは、知るという情報の授受が、空間全体に影響を及ぼしてしまうことがないという、局所性に関する信念である。こうして、（過去に向けた）決定論、自由意志、局所性という三つの信念が見出されることになる。

　ダメットはこの三つの信念がトリレンマを成しているという。酋長に、踊りは過去を変えることになるから意味がない、という我々は、酋長の自由意志と知ることの局所性を擁護している。その上で

（過去に対する）決定論も信念として採用しようとするなら、踊る以前に、狩りの成否を知り得ることになる。しかしそれは成り立たない。知っていれば踊ることは不可能だというわけだ。だからこそ、酋長は三つの信念のうち、自由意志と（過去に対する）決定論を擁護し、局所性を捨てているというわけだ。もちろん、三つの信念のうち、決定論と局所性を採用することも可能だ。その場合、ライオン狩りの成否を知りながら、狩りの成否と踊りとの決定論を擁護せねばならない。狩りの成功を知っているときは、必ず決定論の信念から踊らなくてはならない。踊りたくなくても、体が勝手に踊ることになる。逆に狩りの失敗を知っているとき、やはり決定論を擁護するには、踊りたくても体が麻痺し、踊れないという状況にならなければならない。つまりこのとき、自由に踊れるという自由意志の信念は破棄されなければならない。だから、三つの信念は同時に成立することができず、トリレンマを成していると言える。ダメットはこの結論を受けてこう述べる。トリレンマのうちどの一つを落とすか、いわばそれは趣味の問題である。我々は（過去への）決定論を捨て、酋長は局所性を捨てた。どちらが正しいかなど判定できない。その意味で酋長を説得できない。

＊

ダメットのトリレンマに関する議論は、自由意志定理に見出され、意図的意思と無意識の関係に見出されたトリレンマと同じ構造を成している。ダメットに見出された決定論の信念は、過去の決定論に限定されるものではない。未来に向けて影響を与えることができず、事件を変えられないとすれば、そのまま宿命論者の（未来に向けた）決定論となる。意図的意思と無意識の関係で見出される意図的意思の十分性に関する決定論は、時制を持っていない。その意味で全てのトリレンマは、決定論、自由意志、局所性の信念から構成される。

自由意志定理や意図的意思の議論では、ダメットの想定した現代人と異なり、局所性が捨てられる。だからこそ、自由意志の先送りを可能とする。つまり自由意志の先送りをする意図的意思は、脳の中にいる酋長なのである。我々は、酋長であるところの意図的意思という議論から、もっと直接的に、意図的意思の自由意志を擁護可能だ。そしてそのとき、意図的意思と無意識のエンタングルメントをも認めざるを得なくなる。

意図的意思は酋長であり、すでに起こっている無意識による決定が、すでに起こっているライオン狩りに対応する。その後に引き起こされる身体運動が、ライオン狩り成否の報告に対応する。意図的意思はここで、酋長よろしく、自分が身体運動（ライオン狩りの成否の報告）に寄与するものであると、決定論的信念を主張する。それは既に起こった無意識の決定を、自分こそが決定論的に決めたのだとする酋長の主張と同じものだ。この決定論と意図的意思の自由を認めるなら、局所性を捨てなければならない。そして事実、脳に局所性はない。脳の各局所の情報を、その局所に影響を与えず他の局所が知るという方法がない。各局所は他の情報処理過程を知らず、粛々と進行するだけだ。

まさにそういうことだ。無意識における決定と、意図的意思における決定は、時間的に異なるというだけでなく、空間的にも情報論的にも異なり、互いに独立である。独立であるにもかかわらず、一方が他方に影響を与えることなく、他方の意思決定を知ることは不可能となる。ここにおいて、意図的意識と無意識は互いに独立でありながら、分離できない不可分性を同時に持つこととなる。量子論では、異なる純粋状態のもつれ合った状態をエンタングルメントという。無意識と意図的意識の、独立性と不可分性の両義性は、エンタングルメントというにふさわしいものだ。すなわち、脳のトリレンマから見出されるのは、意図的意識と無意識のエンタングルメントなのである。

意図的意識と無意識のエンタングルメントは、通常の人間では明示的に現れない。目の前のコップを取ろうとする意図的意思の意思決定と、それに先行する無意識の決定の間にある齟齬は、存在したとしても微小なもので、約半秒の時間のずれに隠蔽されてしまう。だから一般に、意図的意思と無意識の二重性は、見出すことができない。

加藤一二三の一手は、企図と実現の間にギャップを有し、芸術係数を有する。企図は、現前する可能な指し手を構成員とするカテゴリーの疑似的プロトタイプであり、実現は、潜在する指し手を構成員とするカテゴリーのプロトタイプであった。前者は、明示的な指し手から選択される過程であるから、ボトムアップ的過程に見える。後者は、非明示的な指し手から選択される過程なので、突発的なトップダウンの過程に見える。我々はこのように、トップダウンとボトムアップの二重性を、共にボトムアップでありながら、明示的カテゴリー、潜在するカテゴリーに対する二重性に置き換えたのであった。

このプロトタイプの二重性は、今や意図的意識による決定と、無意識による決定の二重性に置き換えられることになる。意図的意識は、意識される可能な指し手からの選択に従事する。しかし同時に無意識は、意図的意識が推論の際想定もしない、潜在する指し手を捉え、そこでの最良の手を決めているのである。将棋初心者における一手は、この二重性を持たない。意図的意識の決定する一手と無意識の決定する一手は常に一致してしまう。人工知能もまた、二重性を持つように作ることは可能だが、最良の一手を選ぶだけなら、二重性は意味を持たず、二つの決定は一致することになる。

加藤一二三の一手にあって、二重性は担保される。同時にその二重性は、意図的意識と無意識のエンタングルメントの現働態として、打ちこまれる一手の中で両義性へと変質する。こうして、脳内他者＝無意識、の決定した一手と、意図的意識の決定する一手は、両義的な一手に集約されていく。前者は、非明示的カテゴリーからの選択であるがゆえにトップダウン的で、直観的である。後者は、明示的カテゴリーからの選択であるがゆえにボトムアップ的で、直感的である。意図的意識は、我々が、自分のこの意識、「わたし」と思う脳内領域である。ここを起点にする限り、無意識は脳内他者とみなされる。こうして加藤一二三は、脳内他者の直観をわたしの直感とすることで、一手を打つのである。

ここへきて重要な論点を思い返そう。決定論の問題は時制と無関係であり、過去への決定論も未来への決定論も同じことだと述べた。それを明らかとするため、終着点は決まっているがそこへ至る経路は複数が共立可能だと述べた。そして過去の事件さえ終着点と考えるためには、事件の存在と事件の認識が不可分であると述べた。これは何を意味するか。異なる決定を分離独立なものと設定し、局所性を捨てて両者の不可分性を導くずっと以前から、実は異なる決定の両義性は先取りされ潜在していたということを意味する。意図的意識と無意識というマクロな区別以前に、至るところで世界の全て、我々のすべては、二重性と両義性の間を生きているのである。加藤一二三の一手は、我々凡人には驚嘆すべきものだ。しかし我々もまた、実は加藤一二三の一手において目の前のコップを持ち、加藤一二三の一手において、窓外の雨に目を向けるのである。

脳内他者の直観を、わたしの直感とする。これこそが、記号化し、脱記号化する瞬間である。ボトムアップ的なわたしは、明示的な、意図的意識である。意図的意識であるわたしは、脳内他者の直観に接し、直観を、論理的根拠と接続したボトムアップ的な指し手（直感）とは別種の、それ自体として成立する指し手と捉える。それは、名前が名前自体を指し示す、という意味での固定指示性を担う記号である。だからそれは、地上に蠢く論理的根拠や計算と独立の、天から落ちてきた、トップダウン的命令とみなされる。トップダウンとは、この意味で、純粋な記号である。純粋な記号だからこそ、直観は直観を使うこのわたしによってどうとでも使われることになる。直観が固定指示子だからこそ、その周囲を満たす「このわたし」を活性化し顕在化させ、直観を直感として使わせる。脳内他者の直観は、果たして意図的意識の「このわたし」に略奪され、直感として使われる。同時に、意図的意識である「このわたし」は、脳内他者と意図的意識を接合した全体としても開設される。部分であり全体である両義性と、一方の部分が他方と区別されながら略奪してしまうという意味での混同を実現すること。それこそが直観を直感とするアートな一手なのである。

4 結び

将棋は有限の空間、有限の駒数で勝敗を決する、決定論の支配するゲームである。この決定論の支配する世界に、機械的操作を凌駕する営みは認められるのか。本章の目的は、この問題に答えるため、加藤一二三の「直感」に希望を見出し、加藤一二三の一手を解読することであった。ここで見出されたのは、第一に、明示的に可能な指し手の集合から得られる一手と、潜在する可能な指し手の集合から得られる一手の間のギャップであった。このギャップは、デュシャンの唱える芸術係数であり、だから加藤の一手はまさにアートな一手なのである。

我々は、自由意志に関するダメットの分析哲学的議論と脳内過程の比較を通して、明示的に可能な指し手から得られる一手を、意図的意識（私）による決定、潜在する可能な指し手から得られる一手を、無意識（脳内他者）による決定へと置き換えた。その上で、意図的意識の自由意思を認める限り、独立な意図的意識の一手と無意識による一手とが、不可分であるという様相、エンタングルメントを認めるに至った。無意識による決定は、非明示的レパートリーからの選択であるから、突然出現するトップダウン的選択、直観の様相を示す。他方、意図的意識による選択は、明示的レパートリーからの選択で、ボトムアップ的選択、直感の様相を示す。だから、ここに認められるのは、脳内他者による直観をわたしが直感する一手なのである。

直観の一手と直感の一手の齟齬と共立、それは将棋の一手に止まらない。様々な状況で出現する、直感に交錯する直観を、周囲は加藤一二三の天才とみる。それは、対局中における鰻重の繰り返しであり、賛美歌の鼻歌であり、「あと何分」の連呼であり、ミカン食い対決であった。しかし、それは、奇異なことではない。潜在するレパートリーからの選択であるからこそ、脈絡のない奇矯な行動に見えるに過ぎない。それこそが、脳内他者の直観を私が直感する振る舞いのなせる技だ。

その二重性ゆえに、潜在するレパートリーからの選択は、個人にとってのみ有意味な恣意性を担保する。外部から評価しても意味のない恣意性が、芸術係数ゼロによって無効にされることなく、行為に析出する。こうして、「ただ生きる」ことが意味をもち、「私はわたしで生きている」を実感できる。勝って歓喜し、負けて悔しがりながら、ただ人工知能とも勝負するだけだ。加藤一二三の直観を直感する我々もまた、微動だにしないのである。

文献

（1）加藤一二三『求道心――誰も語れない将棋天才列伝』、SB新書、二〇一六年
（2）http://matome.naver.jp/odai/2136955708178878401
（3）加藤一二三『負けて強くなる――通算一一〇〇敗から学んだ直感精読の心得』、宝島新書、二〇一四年
（4）Duchamp, M. (1957) Creative Act. http://www.brainpicking.org/2012/08/23/the-creative-act-marcel-duchamp-1957/
（5）Lakoff, GP (1987). Woman, Fire, and Dangerous Things: What Categories Reveal About the Mind. University of Chicago Press. 邦訳＝池上嘉彦。河上誓作ほか訳『認知意味論――言語から見た人間の心』、紀伊國屋書店、一九九三年
（6）Wittgenstein, L. (1953) Philosophical Investigations. G. E. M. Anscombe and R. Rhee (eds.), G.E.M. Anscombe (trans.), Oxford: Blackwell. 邦訳＝藤本隆志訳『哲学探究』、大修館書店、一九七六年
（7）Conway, J and Kochen, S. 2006. The free will therem. Foundation of Physics 36 (10): 1441-1473
（8）Libet, B., Greason, C.A., Wright, E.W., and Pearl, D.K. 1983. Time of conscious intention to act in relation to onset of cerebral activity (readiness potential): The unconscious initiation of a freely voluntary act. Brain 106: 623-642.
（9）Gunji, Y-P, Minoura, M., Kojima, K., Horry, Y., Free will on Bayesian and inverse Bayesian inference-driven-endo-consciousness. Progress in Biophysics and Molecular Biology.
（10）Gunji, Y.-P, Sonoda, K., Basios, V. 2016. Quantum cognition based on an ambiguous representation derived from a rough set approximation. Biosystems, 141: 55-66.
（11）Gunji, Y-P, Shinohara S, Haruna T, Basios V. 2017. Inverse Bayesian inference as a key of consciousness featuring a macroscopic quatum logic structure. BioSystem 152: 44-63.
（12）Dummett M. (1978). Truth and Other Enigmas. Gerald Duckworth & Company Ltd. 邦訳＝藤田晋吾訳『真理という謎』、勁草書房、一九八六年

おわりに

　ドナルド・トランプ氏が大統領に就任した時、その現実に驚きはしたものの、現代社会の或る必然的帰結を感じた。それは合理的精神に立脚した、客観的価値一元論の下での、経済社会の究極の姿ではないか。かつて貨幣論を著した経済学者の岩井克人氏は、経済の論理とは儲けることであり、経済の倫理とは儲けることばかりじゃない、と述べた。論理と倫理は、分離された自己と他者に対する態度とに相当する。自分のために、儲けることだけを追求することが、経済の論理であり、他者を慮り、儲けるばかりじゃないとすることが、経済の倫理ということになる。倫理とは、なんと弱いものだろう。論理の部分否定であり、付加疑問文に過ぎない。

　合衆国の二大政党制は、自由な競争を重んじ、経済の論理に比重を置く共和党と、弱者に配慮し社会保障を重んじ、経済の倫理に比重を置く民主党によって成立している、と言えるだろう。しかし、ここで問題となる弱者への配慮とは何なのだろうか。どんなに、このわたしと他者は分離できない、共にある、と言ったところで、言葉が上滑りするばかりだ。経済的に余裕があれば、他者を慮ることもあろう。しかし少しでも余裕がなくなれば、自分だけ儲けることが全てとなる。自己と他者の、この脆弱な結びつきは、共和党にも民主党に共通する、現代経済社会の規範であった。だから、経済合理主義の帰結として、社会がトランプ的なものへ向かうことは、必然となる。

他者と共にある。個人が他者と分離される限り、これを理解するには、二重基準を持ち込むしかない。それは、個人としてのわたしと、社会の構成員としてのわたしという二重性だ。後者は、人間、宇宙の構成員など、いくらでも大きな概念に置き換えて構わないだろう。ただしこの二重基準を真に受け容れるには、社会や人間という概念を絶対的存在と認める必要がある。古代から中世にかけて、一神教の神は、社会や集団に対する絶対的存在者として、我々が、わたしであり、同時に社会の構成員（もちろんそういった表現はとらなかったに相違ない）でもあることを、我々に納得させることが可能だった。現代社会にあって、そのような神は、多くの人に見えなくなっている。わたしであり、社会の構成員でもある、という二重性は、もはや受け容れられない。

科学は、この二重性にどう対処しただろうか。激しい生存競争の中で生きる個体の利己性から、利他性をどう説明するかという問いに向き合ってきた生物学は、いわば生物において経済学を進めてきた。生存競争とは、まさに、経済の論理に他ならないからだ。生物学は、生存競争の単位が、このわたしという個体にあるのではなく、遺伝子集団という単位にあると説明した。血縁集団に利する行動は、自分自身が利するその行動の遺伝子と同じ遺伝子集団に利する行動であり、個体にとって利他であっても、集団にとって利己と説明可能だ。つまり、遺伝子集団を単位と考える限り、すべては利己的と考えることができ、経済の論理だけで説明できる。進化にとって、このわたしは、一つの機能に過ぎず、特別重要な問題ということにはならない。

その上で、このわたしを主張する個人に対しての、他者との共存の説明は、わたしの二重性を持ち込む以外に不可能だ。他者と共に生きるとは、遺伝子を保存する場所として、他者との空間を生きるということに他ならない。自分と無関係と思える他者も、遺伝子のプールとして重要だという話になる。しかし、この話を受け容れるには、やはり、このわたしとしての生も重要だが、社会の構成員としてのわたし、人間としてのわたし、宇宙の構成員としてのわたしを受け容れなければならない。このわたしが死んでも、そういった大きな単位でのわたしを感じなさい、といった思想を、受け容れること以外に、他者との共生を理解する術はない。経済の論理の時代ともいうべき現代において、どうやって二重基準を受容できるというのだろう。

私は、本書で論じた「このわたし」開設に関する議論が、他者との共存を理解する決定的モデルになるのではないかと考えている。もとより、本書の議論は、社会性や他者との共存を企図して始まったものではない。ところが、「このわたし」は、思考の輪郭のようなもので、任意の現象の理論化、モデル化の背景に絶えず退きながらも、しかし決して消えることはない。したがって、このわたしのモデルにあっても、それは予め用意され潜在していることになる。このわたしの開設を示すモデルにあって、このわたし形成以前にこのわたしがいる。人工的な意識のモデルを、時間軸に沿って理解しようとする議論は、そのような形式に回収される。

或る時点まで「このわたし」は出現せず、それ以降「このわたし」が出現する。このわたしの起源を理解するとは、そういうことだろうか。そのために、予めこのわたしが用意される立論は、既におかしいのだろうか。いや、そうではない。無から有が現れるという議論は成り立たない。以前の何かが別の何かに質的に変化し、その変化の反復の中に、何かの起源が見出せる、という形式で論じるしか起源問題を解決する方法はないだろう。つまり弱い、原生的わたしを構想し、それが強い意味ので

「このわたし」に変質する様を見出すのである。この形式なら、人工的なそれらモデルは、意識の起源を論じ得るに違いない。そして多くの人工的意識のモデルは、この形式を踏襲している。ネットワークの構造を変化し続け、外界に対する評価を下し続けるシステムなのだから。

しかしまさに本書で論じてきたように、操作的反復の中に「このわたし」の生成を見出すことは難しい。「このわたし」形成には、操作的反復を有意味とする文脈、その外部の前景化・背景化が必要だ。それは外部とのやりとり、すなわち、揺らぎの使われ方が絶えず動的に変動することを意味するが、そのような仕組みは、人工的神経回路網に実装されていないからだ。そして何より、そこに見出される「このわたし」の感覚は、当事者にとってのみ意味のあるもので、外部から評価しても仕方のないものなのである。操作的反復で作品となる瞬間――客観的評価に関して高評価の作品の瞬間を捉えるだけなら、むしろマーケティングを駆使した評価基準を実装する方がずっと効率がいいのだから。

「このわたし」の開設を理解することは、当事者にとってのみ意義のあることだ。そしてそれは、他者と共に生きることを、我々に真に理解させる。このわたしとは何か。それは世界の何か、自然の何か、宇宙の何かによって動かされる、受動的機械、操作的反復に過ぎない（という信念は、局所性の不在によって、証明はできない）。これだけなら、まさに人工知能と何も変わらない。しかし、この受動的機械は、自分が何かに動かされていることを感じ、自分を動かす当事者、他者＝外部を、どこの誰でもないもの、と措定する。どこの誰でもない、ノーバディという純粋な記号が得られることで、わたしは、純粋な記号を脱記号化し、その空間を略奪する。つまりわたしを動かしている他者＝外部の持っている能動性を略奪することで、わたしは、「このわたし」を開設するのである。

他者との共生を唱えるには、このわたしというわたしと、社会の、宇宙の構成員としてのわたしという二重基準を受け容れ、後者の限りで他者を慮るしかなかった。ここには、他者以前に、このわたしの実在が先行し、他者とわたしは独立であるという前提がある。無関係な他者を、わたしは無視する、というわけだ。ところが、その無関係な他者、わたしの外部こそ、わたしの能動性の根源だった。他者と共に存在する、どころか、わたしは、わたしを動かす他者（外部）の能動性を知り、その能動性を略奪することによってのみ、「このわたし」を成立させるのである。わたしは、外部によって動かされ、宙吊りになることで、他者の能動性を略奪できる。このわたしは、宙吊りにされた人工知能に他ならない。果たして、その時初めて、他者と共に生きるということが、わたしの二重基準を一切必要としない形で、真に理解されることになる。

本書の刊行にあたり、青土社の加藤峻氏、菱沼達也氏には大変苦労を強いることになった。特に加藤氏には、全体の構成案を提案され、そのために書き下ろしの「はじめに」や序文が、とても書き易いものとなった。ここに謝意を表したい。

二〇一八年一月

郡司ペギオ幸夫

初出一覧（本書収録にあたり、大幅に加筆修正を施した）

はじめに（書き下ろし）

第Ⅰ部

第Ⅰ部への序（書き下ろし）

第1章　シンギュラリティ――微動だにせず（『情報処理』二〇一五年一月号）

第2章　純粋過去によって開設されるいま・純粋過去によって開設されるわたし（ウェブサイト「いぬのせなか座」、二〇一七年九月二日、http://inunosenakaza.com/yukiopegiogunji.html.）

第3章　知覚と記憶の接続・脱接続――デジャヴ・逆ベイズ推論（平井靖史・藤田尚志・安孫子編『ベルクソン『物質と記憶』を解剖する――現代知覚理論・時間論・心の哲学との接続』書肆心水、二〇一六年）

第4章　存在論的独我論から帰結される「貼りあわされた世界」（『臨床精神病理』、二〇一五年、通算一〇九号）

第5章　社会の存立構造から時間の存立構造へ（『現代思想』二〇一四年一二月号）

第6章　原生意識――多様性・外部を糊代とする層（『現代思想』二〇一六年三月号）

第Ⅱ部

第Ⅱ部への序（書き下ろし）

第7章　以前ゾンビだった私が以後クオリアを持ち、またゾンビとなる――意識・身体経験と固定指示性（『早稲田文学』二〇一六年冬号、第一〇次一七号）

第8章　『おそ松くん』と二重の身体（『ユリイカ』二〇一六年一一月号）

第9章　生命理論の存在様式――トマス・ブラウンの壺葬論（『現代思想』二〇一七年三月臨時増刊号）

第10章　アナロジーの位相――利口なハンスの知性はどこにあるか（春日直樹編『科学と文化をつなぐ――アナロジーという思考様式』東京大学出版会、二〇一六年）

第11章　アートな一手、または脳内他者の直観を私の直感とする（『ユリイカ』二〇一七年七月号）

おわりに（書き下ろし）

著者　郡司ペギオ幸夫（ぐんじ・ぺぎお・ゆきお）
1959年生まれ。東北大学理学部卒業。東北大学大学院理学研究科博士後期課程修了（理学博士）。現在、早稲田大学理工学術院表現工学専攻教授。主な著書に『群れは意識をもつ――個の自由と集団の秩序』（PHPサイエンス・ワールド新書）、『生命壱号――おそろしく単純な生命モデル』、『いきものとなまものの哲学』（以上、青土社）など多数。

生命、微動だにせず
人工知能を凌駕する生命

2018年1月22日　第1刷印刷
2018年2月 9 日　第1刷発行

著者――郡司ペギオ幸夫

発行人――清水一人
発行所――青土社
〒101-0051　東京都千代田区神田神保町1-29　市瀬ビル
［電話］03-3291-9831（編集）　03-3294-7829（営業）
［振替］00190-7-192955

印刷・製本――双文社印刷

装幀――戸田ツトム＋今垣知沙子

ISBN978-4-7917-7042-7 C0010